房屋工程建设监理入门

刘文平　朱寅生　张勇刚　张 刚　编

黄河水利出版社

内 容 提 要

本书采用知识问答形式,并结合已有的成功案例,对工程建设监理进行全面阐述,主要内容包括:工程监理基本知识、施工阶段的监理工作内容、安全监理及与工程监理相关的问题等。可供从事建筑工程设计、施工、监理等的科技人员参考,也可作为房屋工程建设监理人员的入门培训教材。

图书在版编目(CIP)数据

房屋工程建设监理入门/刘文平等编. —郑州:黄河水利出版社,2007.6

ISBN 978-7-80734-213-7

Ⅰ. 房… Ⅱ. 刘… Ⅲ. 建筑工程—监督管理—问答 Ⅳ. TU712-44

中国版本图书馆 CIP 数据核字(2007)第 086053 号

出 版 社:黄河水利出版社

地址:河南省郑州市金水路 11 号　　邮政编码:450003

发行单位:黄河水利出版社

发行部电话:0371-66026940　　传真:0371-66022620

E-mail:hhslcbs@126.com

承印单位:黄委会设计院印刷厂

开本:890 mm×1 240 mm　1/32

印张:4.75

字数:136 千字　　印数:1—3 000

版次:2007 年 6 月第 1 版　　印次:2007 年 6 月第 1 次印刷

书号:ISBN 978-7-80734-213-7/TU·80　　定价:15.00 元

驻马店市政府大楼

驻马店市北区中心区姊妹楼

驻马店市建委办公楼夜景

驻马店市水利局办公楼

驻马店市博物馆

驻马店市职工活动中心

驻马店市群众艺术馆

驻马店市工商局姊妹楼

驻马店市金淮阳光花园

驻马店市置地广场

驻马店市中心医院

驻马店市金苑花园

驻马店市人防大厦姊妹楼

豫南名城驻马店建筑剪影

驻马店市乐山商场

杨靖宇纪念馆大门

驻马店市气象雷达楼

（驻马店市建筑勘察设计院 、驻马店市金鼎工程建设监理公司　供稿）

前　言

1988 年 7 月,建设部颁发了“关于开展建设监理工作的通知”,这是我国工程建设领域管理体制的一项重大改革。经过近 20 年的努力和实践,工程建设监理制度已为广大工程建设者所认识与接受,并取得了丰硕的成果;工程建设监理队伍逐步发展与壮大。工程建设监理已遍及全国各个建设项目的建设工地,并以独立、自主的第三方的角色在工程建设的实施过程中,公正、公平、科学地运用和依照国家工程建设的方针、政策、现行标准、规范和规定,对工程项目的实施进行监控、协调和管理,得到了各级政府部门、业主及承包单位的支持和信赖。

为了帮助监理人员熟悉、掌握和运用建设监理有关理论知识、法律法规,促进建设监理实践经验交流,进一步提高监理服务水平,编者根据近年来参加工程建设监理工作的实践体会,并参阅吸收了不少建筑权威、专家的有关优秀学术成果及相关监理文件、资料,针对房屋建筑工程的特点,组织编写了《房屋工程建设监理入门》一书,以适应工程建设日益发展的需要。

本书的编写工作由刘文平、朱寅生、张勇刚、张刚共同完成,刘文平统稿。

本书在编写过程中,得到了驻马店市水利工程局、驻马店市建筑勘察设计院、驻马店市金鼎工程建设监理公司等单位的领导和科技人员多方指导帮助;郭汉生总工程师为本书审稿;上海市《建设监理》编辑部为本书提供了丰富的专业成果与资料。在此,诚致衷心的感谢!

由于编者水平所限,书中难免有不当及错漏之处,恳请同行、专家和广大读者提出宝贵意见。

编　者

2007 年 4 月

目　录

第一章　工程监理基本知识

第二章　施工阶段的监理工作

第三章　安全监理

第四章　监理文件、资料、制度

第五章　他山之石——国家重点建设工程监理典型案例

第六章　建设监理相关法规、合同管理

第一章　工程监理基本知识

1. 什么是工程建设监理?

答:工程建设监理是指对工程建设参与者的行为进行的监控、指导和评价,它包括咨询、监督、管理、协调和服务等内容。我国的建设监理具有对建设项目的咨询和实施的含义,包括对建设项目进行调查研究、质量评估、组织设计、指导施工、监督验收等内容。

工程建设监理是指监理执行者,依据建设行政法规、技术标准和双方合同,综合运用法律以及经济、行政、技术标准和有关政策,约束建设行为的随意性和盲目性,以确保工程项目达到预期要求的目的。

2. 我国的建设监理制度是如何发展起来的?

答:1982 年我国开工建设的鲁布革水电站引水工程,由于引进了世界银行的贷款,而世界银行按照国际惯例要求实行工程建设监理,因此建设过程中首次在中国内地设置了工程建设监理。事后证明,鲁布革水电站引水工程建设监理产生了明显的经济效益,这在我国工程建设界引起了巨大的轰动。此后,京津塘高速公路实施工程建设监理,在工程质量方面取得了突出的成绩,赢得了国内外的广泛好评。这些工程建设项目实施工程建设监理的经验,使工程建设监理逐步为我国工程建设各界所了解。

我国监理工作起步较晚,1988 年 7 月 25 日,建设部颁发了《关于开展建设监理工作的通知》,这是我国建设领域的一项重大改革措施,通过近 20 年时间的实施,已取得了显著的成绩:①加快了工程建设项目的进度;②有效控制了工程建设的投资;③提高了工程质量;④大大节约了业主的建设力量;⑤促进了承建商管理水平的提高;⑥为我国建筑业进入国际市场奠定了基础。

1995年12月，国家建设部、国家计委联合颁布了《工程建设监理规定》，明确了工程建设监理的管理机构及职责，工程建设监理的范围、内容及监理程序，从而自1996年起，我国的建设监理转入全面推行阶段；2000年，颁布国标《建设工程监理规范》（GB50319—2000），建设监理进入有序发展阶段。

3. 我国工程建设监理分为哪几类？

答：我国工程建设监理分政府监理和社会监理两类。政府监理是指政府主管建设的有关部门（国家建设部、各级建设委员会、建设厅、建设局）对建设单位的建设行为实施强制性的监理和对社会建设监理单位实行监督管理。

社会监理是指经政府建设监理机构审批核准的，受建设单位委托，执行监理任务的企事业单位，对工程建设实施监督与管理；建设监理单位采取组织、技术、经济合同措施等手段对所监理项目的投资、质量、工期等目标及合同的履行进行有效的控制，使项目达到保质、低耗并如期建成。

4. 政府建设监理具有什么性质？

答：政府建设监理是政府主管建设的有关部门对建设工程项目的全过程依法监督和管理，以维护国家利益和保证建设市场秩序的稳定。具有以下性质：

（1）强制性。其执行机构实施的管理行为，对被管理者来说，只能是强制性的，必须接受其管理。

（2）执法性。它不同于一般性的行政管理，主要依据国家政策、法律、法规、政府批准的建设计划、规划设计文件以及依法订立的工程承包合同进行政府建设监理，并严格遵照规定的监理程序行使监督检查、许可、纠正、强制执行等权力。

（3）全面性。针对整个建设活动而言，所有建设工程必须接受政府监理。因此，它贯穿于建设的全过程，即从建设项目立项、设计、施工直到竣工验收、投入使用。监理侧重于宏观的社会效益，主要是保证建设行为的规范性，维护公共利益和工程参与者的合法利益。

5. 社会建设监理具有什么性质？

答：社会建设监理具有服务性、独立性、公正性和科学性。

6. 社会建设监理的服务性具有哪些内容？

答：社会建设监理单位通过为建设单位（业主）提供工程建设管理、经济和法律方面的专业人才来为工程建设服务。监理工程师及监理员在工程建设活动中，进行组织协调、监理和控制，以保证工程建设合同顺利实施，并监督建设工程严格遵守国家有关建设标准和规范。

社会工程建设监理单位是接受项目业主的委托而开展的技术活动。因此，它的直接服务对象是委托方，也就是项目业主。这种服务的活动，是按工程建设监理合同来进行的，按照工程规模、技术复杂程度等来计取服务酬金。

7. 社会建设监理的独立性体现在哪些方面？

答：凡从事工程建设监理活动的监理单位，是直接参与工程项目建设的“三方当事人”之一，它与项目业主、承包商之间的关系是平等的、横向的，在项目建设中，监理单位是独立的一方，其独立性主要表现在：

（1）建设监理单位与建设单位是合同约定关系，项目法人不得擅自更改总监理工程师的指令。

（2）建设单位与建设监理单位是委托与被委托的关系，建设监理单位与承包商是监督与被监督的关系，因此说，建设监理单位是独立于甲、乙双方以外的第三方，它行使监理合同所确认的职权，并有良好的职业道德，并承担相应的法律责任。

8. 为什么说公正性是社会建设监理行业的必然要求？

答：建设监理单位和监理工程师在工程建设过程中，一方面应当严格履行监理合同的各项义务，竭诚为业主服务，同时也应当成为公正的“第三方”，以公正的态度对待委托方（业主）和被监理方（承包方）。

特别是当业主和承包方发生利益冲突或矛盾时，能够以事实为依据，以有关法律、法规和双方所签订的工程建设合同为准绳，以第三方立场公正地证明、决定或行使自己的处理权。

公正性是监理行业的必然要求，也是监理单位和监理人员的基本职业道德准则。

9. 如何理解社会建设监理行业的科学性？

答：建设监理单位是智力密集型的组织，按照国际惯例，社会建设监理单位的监理工程师，都必须具有相当学历，并有长期从事工程建设工作的丰富经验，精通技术与管理，通晓经济与法律，经权威机构考核，并经政府主管部门登记、注册、领取证书，方能取得合法资格。因此，监理工程师是依靠科学知识和专业技术进行项目监理的。

10. 政府建设监理机构如何对社会建设监理单位进行监督管理？

答：政府建设监理机构对社会建设监理单位的管理，主要内容包括制定和实施建设监理法规，审核批准社会建设监理单位的资质和人员，监督其监理业务活动是否合法，调解社会建设监理单位与业主之间的争议，对社会建设监理单位的正当权益和活动进行保护。

11. 我国工程建设监理的对象包括哪些项目？

答：2001 年 1 月 17 日建设部颁布了《建设工程监理范围和规模标准规定》，明确了强制监理的范围和标准。主要有：

(1) 国家重点建设工程。指依据《国家重点建设项目管理办法》所确定的对国民经济和社会发展有重大影响的骨干项目。

(2) 大中型公用事业工程。指项目总投资额在 3 000 万元以上的下列工程项目：①供水、供电、供气、供热等市政工程项目；②科技、教育、文化等项目；③体育、旅游、商业等项目；④卫生、社会福利等项目；⑤其他公用事业项目。

(3) 成片开发建设的住宅小区工程。建筑面积在 5 万 m^2 以上的住宅建设工程必须实行监理；5 万 m^2 以下的住宅建设工程，可以实行监理，具体范围和规模标准由省、自治区、直辖市人民政府建设行政主管部门规定。为了保证住宅质量，对高层住宅及地基结构复杂的多层住宅应当实行监理。

(4)利用外国政府或者国际组织贷款、援助资金的工程：①使用世界银行、亚洲开发银行等国际组织贷款的项目；②使用国外政府及其机构贷款的项目；③使用国际组织或者国外政府援助资金的项目。

(5)国家规定必须实行监理的其他工程。项目总投资额在 3 000 万元以上关系社会公共利益、公众安全的下列基础设施项目：①煤炭、石油、化工、天然气、电力、新能源等项目；②铁路、公路、管道、水运、民航以及其他交通运输业等项目；③邮政、电信枢纽、通信、信息网络等项目；④防洪、灌溉、排涝、发电、引(供)水、滩涂治理、水资源保护、水土保持等水利建设项目；⑤道路、桥梁、地铁和轻轨交通、污水排放及处理、垃圾处理、地下管道、公共停车场等城市基础设施项目；⑥生态环境保护项目；⑦其他基础设施项目。此外，还包括学校、影剧院、体育场馆项目。

12. 建设监理的指导思想是什么？

答：建设监理在项目实施阶段的指导思想是：以工程建设项目目标管理(投资目标、工期目标、质量目标)为中心，通过项目目标规划与动态目标的控制，尽可能好地实现项目目标，以提高建设水平和投资效益。其中，项目目标规划就是监理工作规划，在项目实施时，就是监理工作计划，它反映了监理工作中的投资控制、进度控制、质量控制、合同管理、现场管理及组织协调，这就是所谓的“三控、两管、一协调”。动态目标控制指在项目实施过程中，定期地将项目目标计划值与实际值进行比较，若发现未达到计划值，则要采取措施，同时也要对目标值再进行规划，以确保项目总目标的实现。为了保证项目目标实现，主要应做好以下两点：①做好监理规划；②搞好动态项目目标控制。

13. 开展建设监理工作有哪些依据?

答:建设监理的依据是国家工程建设的政策、法律、法规,政府批准的建设计划、规划、设计文件及依法订立的工程承包合同,其中包括:①国家和有关主管部门制订的法律、法规、办法、规定;②标准、规范、规程及有关技术法规;③政府主管部门批准的建设计划、规划、设计任务书、勘察设计合同、设计文件;④业主与工程承包单位依法订立的工程承包合同;⑤业主与材料、设备供货单位签订的有关购货合同;⑥业主为了工程建设项目与其他单位签订的合同。另外,在监理过程中业主下达的工程变更文件、设计部门对设计问题的正式答复,业主、设计和监理等方联合签署的设计回话备忘录等均可作为监理工作的依据。

14. 施工阶段建设监理的主要工作内容有哪些?

答:施工阶段建设监理的主要工作内容有:

(1)协助建设单位与承建单位编写开工报告。

(2)确认承包单位、选择分包单位并审查其资质。

(3)审查承包单位提出的施工组织设计、施工方案和施工进度计划,并提出改进意见。

(4)审查承包单位提出的材料和设备清单及其所列的规格、质量。

(5)督促、检查承包单位以保证严格执行工程承包合同和工程技术标准。

(6)调解建设单位与承包单位的争议。

(7)检查工程使用的材料、构件和设备的质量。

(8)检查安全防护设备,落实国家法律、法规规定的安全生产监理责任。

(9)检查工程进度和施工质量,验收分项工程,签署工程付款凭证。

(10)督促整理合同文件和技术档案资料。

(11)组织设计单位和施工单位进行工程竣工预验收,并提出竣工验收报告。

(12)审核工程结算。

15. 社会建设监理应遵循哪些基本原则?

答:社会建设监理是受业主委托和授权,监理单位的目标任务、内容取决于业主的要求,施工阶段的监督管理,应遵循以下基本原则:

(1)监理人员承担的责任。业主向监理单位的授权,应以能保证其正常履行监理的职责为原则。监理人员的职权,依赖于业主的授权大小,因为监理单位与被监理单位(承包单位)之间无合同关系,故监理单位应与业主协商,明确监理人员的责权应反映在监理委托合同及承包合同之中,以确保监理人员有效开展监理活动。

(2)总监理工程师负责制。总监理工程师是代表社会监理单位,全面履行监理委托合同,承担监理方向业主所负的义务和责任,既全面负责领导工程项目的监理工作,又对监理活动的效果,对外向业主负责,对内向监理单位负责。因此,要健全监理组织,完善监理运行制度,形成以总监理工程师为首的高效能决策指挥体系。

(3)以综合经济效益为目标。建设监理不能损害国家、社会的整体利益而谋求业主的经济利益,监理人员要严格遵守国家的有关法律、法规,既要对业主负责,又要对国家和社会负责。只有在符合宏观经济效益、社会效益和环境效益的条件下,业主投资项目的微观经济效益才能得以实现。

(4)严格监理、立场公正、热情服务。监理人员的工作要尊重科学、尊重事实,要维护利益双方的正当权益。监理工程师在处理承包单位与建设单位之间的利益关系时,应站在公正的立场上,严格监理要求,严格按合同条款办事。

(5)做好事前控制。工程建设过程中,对可能发生的一些问题要超前考虑和预测,并制订相应的预控措施,这些措施是组织、经济、技术合同措施相结合的综合措施,以便做到事前有预测,情况变化有对策。

16. 什么是监理大纲?

答:监理大纲又称监理方案,它是监理单位在业主委托监理过程中承揽监理业务而编写的监理方案文件。它的主要作用有两个:一是使业主认可监理大纲中的监理方案,从而承揽到监理业务;二是为今后开展监理工作制订方案。其内容是根据监理招标文件的要求制定。监理大纲内容包括:监理单位拟派往项目上的主要监理人员,并对派出监理人员的资质情况进行介绍;监理单位根据业主提供的和自己初步掌握的工程信息制订准备采用的监理方案;明确说明将提供给业主的、反映监理阶段性成果的文件。

17. 什么是监理规划?

答:监理规划是在总监理工程师的主持下编制、经监理单位技术负责人批准、用来指导项目监理机构全面开展监理工作的指导性文件。监理规划的编制应针对项目的实际情况,明确项目监理机构的工作目标,确定具体的监理工作制度、程序、方法和措施,并应具有可操作性。

编制监理规划应包括以下主要内容:①工程项目概况;②监理工作范围;③监理工作内容;④监理工作目标;⑤监理工作依据;⑥项目监理机构的组织形式;⑦项目监理机构的人员配备计划;⑧项目监理机构的人员岗位职责;⑨监理工作程序;⑩监理工作方法及措施;⑪监理工作制度;⑫监理设施。

在监理工作实施过程中,如实际情况或条件发生重大变化而需要调整监理规划时,应由总监理工程师组织专业监理工程师研究修改,按原报审程序经过批准后报建设单位。

18. 监理规划编制的程序和依据应符合哪些规定?

答:监理规划编制的程序与依据应符合下列规定:

(1)监理规划应在签订委托监理合同及收到设计文件后开始编制,完成后必须经监理单位技术负责人审核批准,并应在召开第一次工地会议前报送建设单位。

(2)监理规划应由总监理工程师主持,专业监理工程师参加编制。

(3)编制监理规划的依据有:建设工程的相关法律、法规及项目审批文件;与建设工程项目有关的标准、设计文件、技术资料;监理大纲、委托监理合同文件以及与建设工程项目相关的合同文件。

19. 什么是监理实施细则？

答：监理实施细则是根据监理规划，由专业监理工程师编写，并经总监理工程师批准，针对工程项目中某一专业或某一方面监理工作的操作性文件。例如："模板工程监理实施细则"、"钢筋混凝土监理实施细则"等。对中型及以上或专业性较强的工程项目，项目监理机构应编制监理实施细则。监理实施细则应符合监理规划的要求，并应结合工程项目的专业特点，做到详细具体，具有可操作性。

监理实施细则应包括下列主要内容：①专业工程的特点；②监理工作的流程；③监理工作的控制要点及目标值；④监理工作的方法及措施。在监理工作实施过程中，监理实施细则应根据实际情况进行补充、修改和完善。

20. 监理实施细则的编制程序与依据应符合哪些规定？

答：监理实施细则的编制程序与依据应符合下列规定：

(1)监理实施细则应在相应工程施工开始前编制完成，并必须经总监理工程师批准。

(2)监理实施细则应由专业监理工程师编制。

(3)编制监理实施细则的依据有：①已批准的监理规划；②与专业工程相关的标准、设计文件和技术资料；③施工组织设计。

21. 什么是项目监理机构？

答：项目监理机构是监理单位为履行委托监理合同，实施工程项目的监理工作而按合同项目设立的临时组织机构。随着工程项目监理工作的结束而撤销。项目监理机构的组织形式应结合工程特点、规模、难易程度等因素综合考虑，可采用直线式、职能式、直线－职能式和矩阵式等不同的组织形式。

22. 监理工程师是技术职称吗？

答：监理工程师是岗位职务而不是技术职称。监理工程师是指经过考试,取得国务院建设行政主管部门与人事行政主管部门共同颁发的监理工程师执业资格证书,并经监理工程师注册机关注册,从事建设工程监理工作的人员。

23. 什么是总监理工程师?

答:总监理工程师是由监理单位法定代表人任命,并书面授权,按合同项目设立的行政职务。在项目监理机构中,总监理工程师对外代表监理单位,对内负责项目监理机构日常工作。

国家规定:一名总监理工程师只宜担任一项委托合同的项目总监理工程师工作。当需要同时担任多项委托监理合同的项目总监理工程师工作时,须经建设单位同意,且最多不得超过三项。

24. 什么是总监理工程师代表?

答:总监理工程师代表由总监理工程师任命并授权,行使总监理工程师授予的部分权力,从事总监理工程师指定的工作。

25. 什么是专业监理工程师?

答:专业监理工程师是项目监理机构中的一种岗位设置,可按工程项目的专业设置,也可按部门或某一方面的业务设置。如合同管理、造价控制等。若工程项目规模大,在某些专业或某一方面业务宜设置几名专业监理工程师。例如:土建专业监理工程师,装饰、装修专业监理工程师和水、电、暖专业监理工程师等。总监理工程师在他们中应指定负责人,但均称为专业监理工程师。工程项目中如涉及特殊行业(如爆破工程),从事此类项目监理工作的专业监理工程师还应符合国家对专业人员资格的有关规定。

26. 监理员属于哪类人员?

答:监理员属于工程技术人员,不同于项目监理机构中的其他行政辅助人员。在工程项目施工阶段,施工监理员主要从事施工第一线的监控服务,同时承担编写监理日记、旁站记录和见证取样、旁站及现场巡检、检验等具体工作。

27. 建设监理人员有哪些基本职责?

答:建设监理人员包括总监理工程师、总监理工程师代表、专业监理工程师和监理员。工程项目建设监理实行总监理工程师负责制,总监理工程师对内向监理单位负责,对外向业主负责。总监理工程师是一个建设项目的监理工作总负责人,全面负责受委托的监理工作。总监理工程师代表是经监理单位法人代表同意,由总监理工程师书面授权,代表总监理工程师行使其部分职责和权力的项目监理机构中的监理工程师。专业监理工程师是各专业的负责人或骨干,行使总监理工程师委托的权力和职责。监理员(现场监理人员)是在监理工作第一线从事直接的工程检查、计量、检测、试验、监督和旁站跟踪以及监督现场安全生产等工作的人员。

28. 总监理工程师有哪些具体工作职责?

答:国家标准《建设工程监理规范》(GB50319—2000)规定,总监理工程师应履行以下职责:①确定项目监理机构人员的分工和岗位职责;②主持编写项目监理规划、审批项目监理实施细则,并负责管理项目监理机构的日常工作;③审查分包单位的资质,并提出审查意见;④检查和监督监理人员的工作,根据工程项目的进展情况进行人员调配,对不称职的人员调换其工作;⑤主持监理工作会议,签发项目监理机构的文件和指令;⑥审定承包单位提交的开工报告、施工组织设计、技术方案、进度计划;⑦审核签署承包单位的申请、支付证书和竣工结算;⑧审查和处理工程变更;⑨主持或参与工程质量事故的调查;⑩调解建设单位与承包单位的合同争议,处理索赔,审批工程延期;⑪组织编写并签发监理月报、监理工作阶段报告、专题报告和项目监理工作总结;⑫审核签认分部工程和单位工程的质量检验评定资料,审查承包单位的竣工申请,组织监理人员对待验收的工程项目进行质量检查,参与工程项目的竣工验收;⑬主持整理工程项目的监理资料。

29. 总监理工程师代表有哪些具体工作职责?

答:总监理工程师代表应履行以下职责:

(1)负责总监理工程师指定或交办的监理工作。

(2)按总监理工程师的授权,行使总监理工程师的部分职责和权力。

30. 专业监理工程师有哪些具体工作职责?

答:专业监理工程师应履行以下职责:

(1)负责编制本专业的监理实施细则。

(2)负责本专业监理工作的具体实施。

(3)组织、指导、检查和监督本专业监理员的工作,当人员需要调整时,向总监理工程师提出建议。

(4)审查承包单位提交的涉及本专业的计划、方案、申请、变更,并向总监理工程师提出报告。

(5)负责本专业分项工程验收及隐蔽工程验收。

(6)定期向总监理工程师提交本专业监理工作实施情况报告,对重大问题及时向总监理工程师汇报和请示。

(7)根据本专业监理工作实施情况做好监理日记。

(8)负责本专业监理资料的收集、汇总及整理,参与编写监理月报。

(9)核查进场材料、设备、构配件的原始凭证、检测报告等质量证明文件及其质量情况,根据实际情况认为有必要对进场材料、设备、构配件进行平行检验,合格时予以签认。

(10)负责本专业的工程计量工作,审核工程计量的数据和原始凭证。

31. 监理员有哪些具体工作职责?

答:监理员应履行以下职责:

(1)在专业监理工程师的指导下开展现场监理工作。

(2)检查承包单位投入工程项目的人力、材料、主要设备及其使用、运行状况,并做好检查记录。

(3)复核或从施工现场直接获取工程计量的有关数据并签署原始

凭证。

(4)按设计图及有关标准,对承包单位的工艺过程或施工工序进行检查和记录,对加工制作及工序施工质量检查结果进行记录。

(5)担任旁站工作,发现问题及时指出并向专业监理工程师报告。

(6)做好监理日记和有关的监理记录。

32. 总监理工程师不得将哪些工作委托给总监理工程师代表?

答:总监理工程师不得将下列工作委托总监理工程师代表:①主持编写项目监理规划、审批项目监理实施细则;②签发工程开工/复工报审表、工程暂停令、工程款支付证书、工程竣工报验单;③审核签认竣工结算;④调解建设单位与承包单位的合同争议,处理索赔,审批工程延期;⑤根据工程项目的进展情况进行监理人员的调配,调换不称职的监理人员。

33. 建设监理人员应该遵循哪些职业道德?

答:工程建设监理是建设领域中一项高尚的工作,广大监理人员必须加强职业道德建设和修养,牢记“守法、诚信、公正、科学”的工作准则,树立高度的工作责任心和工作原则性;坚持实事求是、公正办事的高度自觉性,反腐倡廉,克己奉公,坚决杜绝吃、拿、卡、要和以权谋私等不良行为。

34. 建设监理人员应该遵守哪些工作守则?

答:建设监理人员应该遵守以下工作守则:①贯彻国家建设方针,遵守建设法规、规范、标准;②依法经营、正当竞争,不转包监理业务,不转借岗位证书;③信守监理合同,全面履行义务,正确行使权利;④不损害业主、被监理方和监理同行的名誉和利益;⑤科学监理、诚信服务、爱岗敬业,努力提高业务水平;⑥坚持公正、合理地处理有关方的争议事件;⑦不得在政府部门以及影响公正执行监理业务的单位或部门任职;⑧不得向影响公正执行监理业务的单位或个人索要酬金或礼品;⑨不得泄露与监理项目合同业务有关的保密资料;⑩不以个人名义承揽监理业务。

35. 项目监理机构进驻工程项目应准备哪些监理设施?

答:首先,由建设单位提供委托监理合同约定的满足监理工作需要的办公、交通、通讯、生活设施。项目监理机构应妥善保管和使用建设单位提供的设施,并应在完成监理工作后移交建设单位。其次,项目监理机构应根据工程项目类别、规模、技术复杂程度、工程项目所在地的环境条件,按委托监理合同的约定,自行配备满足监理工作需要的常规检测设备和工具,如回弹仪、水准仪、钢尺及文印打字设备等。此外,在大中型项目的监理工作中,项目监理机构还应实施监理工作计算机辅助管理。

36. 目前,我国社会监理组织有哪几种模式?

答:目前,我国社会监理组织主要有以下三种模式:

(1)独立的社会监理组织。如建设监理公司或建设监理事务所,它们是依法成立的有独立的法律地位和经济利益的实体,有自己的名称、办公场所,能够承担民事责任,具有鲜明的公正性。它们是我国目前监理组织的主要模式,是我国建设监理的发展模式。

(2)设计或科研机构、大专院校、咨询单位兼承监理业务。这种模式与国际惯例一致,有利于扩大规划设计或科研等单位的功能和部门的体制改革,有利于向"一条龙"项目管理模式发展。

(3)质量监督站组建的监理班子。实行两块牌子一套班子进行监理,属于过渡性模式。

37. 业主与监理单位是一种什么关系?

答:业主与监理单位这两类法人之间是一种平等的关系,是委托与被委托、授权与被授权的关系,同时又是相互依存、相互促进、共兴共荣的经济合同关系。

38. 如何理解业主与监理单位的“平等关系”和“委托与被委托”关系？

答：业主和监理单位都是建筑市场中的主体，不分主次，自然应当是平等的，这种平等的关系主要体现在它们的经济地位和工作关系两个方面。第一，都是市场经济中独立的企业法人。不同行业的企业法人，只有经营的性质不同、业务范围不同，而没有主仆之别，也不存在从属关系。第二，它们都是建筑市场中的主体，是因工程建设而走到一起的。业主为了更好地完成自己担负的工程项目建设任务，委托监理单位替自己负责一些具体的事项，业主与监理单位之间是一种委托与被委托关系。业主可以委托甲监理单位，也可以委托乙监理单位。同样，监理单位可以接受委托，也可以不接受委托。委托与被委托的关系建立后，双方只是按照约定的条款，各尽各的义务，各自行使各自的权利，各自取得各自应得到的利益。所以说，二者在工作关系上仅维系在委托与被委托的水准上。监理单位仅按照委托的要求开展工作，对业主负责，并不受业主的领导，业主对监理单位的人力、财力、物力等方面没有任何支配权、管理权。如果二者之间的委托与被委托关系不成立，那么，就不存在任何联系。

39. 如何理解业主与监理单位之间的经济合同关系？

答：业主与监理单位之间的委托与被委托关系确立后，双方订立合同，即工程建设监理合同。合同一经双方签订，这宗交易就意味着成立。业主是买方，监理单位是卖方，即业主出钱购买监理单位的智力劳动。如果有一方不接受对方的要求，对方又不肯退让，或者有一方不按双方的约定履行自己的承诺，那么，这宗交易活动就不能成交。就是说，双方都有自己经济利益的需求，监理单位不会无偿地为业主提供服务，业主也不会对监理单位施舍，双方的经济利益以及各自的职责和义务都体现在签订的监理合同中。但是，工程建设监理合同毕竟与其他经济合同不同，这是由监理单位在建筑市场中的特殊地位所决定的。众所周知，业主、监理单位、承包商是建筑市场三元结构的三大主体，业主发包工程建设业务，承包商承包工程建设业务，在这项交易活动中，业主向承包商购买建筑商品（或阶段性建筑产品），买方总是想少花钱而买到好商品，卖方总想在销售商品中获得较高的利益。监理单位的责任则是既帮助业主购买到合适的建筑商品，又要维护承包商的合法权益。或者说，监理单位与业主签订的监理合同，不仅表明监理单位要为业主提供高智能服务，维护业主的合法权益，而且也表明，监理单位有责任维护承包商的合法权益，这在其他经济合同中是难以找到的条款。可见，监理单位在建筑市场的交易活动中处于建筑商品买卖双方之间，起着维系公平交易、等价交换的制衡作用。因此，不能把监理单位单纯地看成是业主利益的代表。

40. 如何理解业主与监理单位之间授权与被授权的关系？

答：监理单位接受委托之后，业主就把一部分工程项目建设的管理权力授予监理单位。诸如工程建设的组织协调工作的主持权，设计质量和施工质量以及建筑材料与设备质量的确认权与否决权，工程量与工程价款支付的确认权与否决权，工程建设进度和建设工期的确认权与否决权，以及围绕工程项目建设的各种建议权等。而业主往往留有工程建设规模和建设标准的决定权、对承包商的选定权、与承包商订立合同的签认权，以及工程竣工后或分阶段的验收权等。

41. 监理单位与承包商之间是一种什么关系？

答：这里所说的承包商，不单是指施工企业，而是包括承接工程项目规划的规划单位、承接工程勘察的勘察单位、承接工程设计业务的设计单位、承接工程施工的施工单位，以及承接工程设备、工程构件和配件的加工制造单位在内的大概念，也就是说，凡是承接工程建设业务的单位，相对于业主来说，都叫做承包商。

监理单位与承包商之间没有订立经济合同，但是，由于同处于建筑市场之间，所以，二者之间也有着多种紧密的关系。

首先，监理单位与承包商之间是平等关系。因为承包商也是建筑市场的主体之一，没有承包商，也就没有建筑产品，没有了卖方，买方也就不存在。但是,像业主一样,承包商是建筑市场的重要主体,并不等于他应当凌驾于其他主体之上,既然都是建筑市场的主体,那么,就应该是平等的,这种平等的关系,主要体现在都是为了完成工程建设任务而承担一定的责任。双方承担的具体责任虽然不同,但是性质上都属于"出卖产品"的一方,即相对于业主来说,二者的角色、地位是一样的。无论是监理单位,还是承包商都是在工程建设的法规、规章、规范、标准等条款的制约下开展工作的,二者之间不存在领导与被领导的关系。

其次,监理单位与承包商之间又是监理与被监理的关系。虽然监理单位与承包商之间没有签订任何经济合同,但是,监理单位与业主签有监理合同,承包商与业主签有承发包建设合同。监理单位依据业主的授权,就有了监督管理承包商履行工程建设承发包合同的权利和义务。承包商不再与业主直接交往,而转向与监理单位直接联系,并接受监理单位对自己进行工程建设活动的监督管理。

42. 工程建设监理单位的经营准则是什么?

答:工程建设监理单位经营活动的基本准则是:"守法、诚信、公正、科学"。

43. 监理单位的"守法"有哪些具体要求?

答:守法,这是任何一个具有民事行为能力的单位或个人最起码的行为准则。监理单位的守法,就是要依法经营,有以下具体要求:

(1)监理单位只能在核定的业务范围内开展经营活动。核定的业务范围,是指监理单位资质证书中填写的、经建设监理资质管理部门审查确认的经营范围。核定的业务范围有两层内容,一是监理业务的性质,二是监理业务的等级。核定的经营业务范围以外的任何业务,监理单位不得承接;否则,就是违法经营。

(2)监理单位不得伪造、涂改、出租、出借、转让、出卖《资质等级证书》。

(3)工程建设监理合同一经双方签订,即具有一定的法律约束力

(无效合同除外),监理单位应认真履行合同的规定,不得无故或故意违背自己的承诺。

(4)监理单位离开原住所承接监理业务,要自觉遵守当地人民政府颁发的监理法规的有关规定,并要主动向监理工程所在地的省、自治区、直辖市建设行政主管部门备案登记,接受其指导和监督管理。

(5)遵守国家关于企业法人的其他法律、法规的规定,包括行政的、经济的和技术的。

44. 如何理解监理单位的"诚信"执业?

答:诚信,就是忠诚老实、讲信用,它是考核企业信誉的核心内容。监理单位向业主和社会提供的是技术服务,是看不见、摸不着的无形产品,尽管它最终由建筑产品体现出来,但是,如果监理单位提供的技术服务有问题,就会造成不可挽回的损失。何况,技术服务水平的高低弹性很大。例如对工程建设投资或质量的控制,都涉及到工程建设的各个环节,一个高水平的监理单位可以运用自己的高智能最大限度地把投资控制和质量控制搞好;也可以以低水准的要求,把工作做得勉强能交待过去,没有为业主提供与其监理水平相适应的技术服务;或者本来没有较高的监理能力,却在竞争承担监理业务时,有意夸大自己的能力;或者借故不认真履行监理合同规定的义务和职责等,都是不讲诚信的行为。

对于监理单位而言,任何一个监理人员做不到诚信,都会给自己和单位的信誉带来很大影响,甚至会影响到监理事业的发展。所以,诚信是监理单位经营活动基本准则的重要内容之一。

45. 如何理解监理单位的"公正"?

答:公正,主要是指监理单位在协调处理业主与承包商之间的矛盾和纠纷时,要站在公正的立场上,做到"一碗水端平",是谁的责任,就由谁承担;该维护谁的权益,就维护谁的权益,决不能因为监理单位是受业主的委托进行监理,就偏袒业主。

46.“科学”监理有哪些具体内容?

答:科学,是指监理单位的监理活动要依据科学的方案,运用科学的手段,采取科学的方法。工程项目结束后,还要进行科学的总结。

科学的方案,就是在实施监理前,要尽可能地把各种问题都列出来,并拟定解决办法,使各项监理活动都纳入计划管理的轨道。要集思广益,充分运用已有的经验和智能,制订出切实可行、行之有效的监理方案,指导监理活动顺利地进行。

科学的手段,就是必须借助于先进的科学仪器才能做好监理工作,如已普遍使用的计算机,各种检测、试验仪等。单凭人的感官直接进行监理,这是最原始的监理手段。

科学的方法,主要体现在监理人员在掌握大量的、确凿的有关监理对象及其外部环境实际情况的基础上,适时、妥贴、高效地处理有关问题,要“用事实说话”、“用书面文字说话”、“用数据说话”,利用计算机进行辅助监理等。

第二章 施工阶段的监理工作

47. 项目监理机构开工前需要准备哪些资料?

答:项目监理机构开工前需要准备的资料有:

(1)基础资料:①监理委托合同;②项目监理机构监理人员组成及分工;③已批准的监理规划;④监理单位对项目监理机构及人员的授权任命书。

(2)建设单位向项目监理机构提供的资料:①有关工程项目开工文件——立项许可、投资许可、土地使用许可、规划许可、红线许可、设计审批、施工许可等;②图纸及设计文件;③承包单位中标通知与标价、预算;④施工承包合同;⑤水准点、坐标点;⑥地质、水文及勘察报告;⑦建设单位与有关单位签订的协议;⑧业主代表。

(3)承包单位提供的有关资料:①施工资质证明及营业执照;②特殊工种上岗证(起重、爆破、电焊、高空作业、防水等);③施工组织设计、施工方案;④企业等级、信誉等级;⑤安全许可与安全资格审查认可证明;⑥实验室资质等级证明及检验证明;⑦承包单位项目管理人员组成及工程技术人员等;⑧机械数量、型号、性能等;⑨水准点复核记录;⑩分包单位资质证明。

48. 监理工程师如何做好设计图纸技术交底和会审工作?

答:项目监理人员应参加由建设单位组织的设计技术交底会,在设计交底前,总监理工程师应组织监理人员熟悉设计文件,并对图纸存在的问题通过建设单位向设计单位提出书面意见和建议。记录在案,收入监理资料备查。总监理工程师应对设计技术交底会议纪要进行签认。

以往图纸会审多局限于施工单位提出的图纸上的错、碰、漏等问题,而很少涉及设计依据和专业设计是否齐全,深度是否达到规范要求等问题。因此,监理工程师应注意:设计图纸是否执行现行规范和标准(技术标准与节能标准),是否采用现行标准大样图,给水(污水、燃气热水、太阳能热水、消防)、排水(污水、雨水)、供电(动力电、照明电、弱电、智能信号、防雷等)、玻璃幕墙、网架等专业设计是否完整齐全,设计深度是否达到规范要求,对于这些均应认真核查,以确保设计安全无误。

49. 工程项目开工前,总监理工程师如何做好与业主及总承包商的沟通工作?

答:做好与业主及总承包商的沟通工作至关重要。首先,要了解业主除监理委托合同规定的内容外,还有哪些要求及授权,告诉业主监理工作是“三控、两管、一协调”系统工作,任何一方面出现弱势,都可能给工程带来危害。要争取业主充分授权。同时,还要告知业主,充分理解监理工作的独立性,尽量避免业主对工程的不规范介入,除确有必要,应尽量少地指定分包商、分供商。因为从目前现状看,凡指定分包商能够积极服从总承包商的管理的情况很少,一旦分包出了问题,先找监理,监理再找业主代表及总包,无形中增加了许多额外工作。大部分总承包商都是回避对分包商的管理。所以,总包、分包之间扯皮、推诿多,不利于工程施工。

其次还要与总承包商沟通。监理与承包商的关系虽然是监督与被监督的关系,但沟通是不可缺少的。施工中,沟通少或不及时,易造成承包商对监理人员的抵触情绪。因此,监理工程师应首先将工程管理中需要解决的问题,事先跟总承包商沟通,特别是施工前的第一次沟通更为重要:将监理规划中的要求让其接受,使其对“三控、两管、一协调”等目标管理心中有数,不致出现僵局。

50. 工程项目开工前,总监理工程师应审查承包单位现场管理机构哪些保证体系?

答:工程项目开工前,总监理工程师应审查承包单位现场项目管理机构的质量管理体系、技术管理体系、质量保证体系和安全生产保证体系,确能保证工程施工质量和安全生产时予以确认。对质量管理体系、技术管理体系、质量保证体系和安全生产保证体系应审核以下内容:

(1)质量管理、技术管理和质量保证的组织机构。

(2)质量管理、技术管理制度。

(3)专职管理人员和特种作业人员的资格证、上岗证。

(4)安全生产规章制度及三项安全许可证。

51.监理工程师如何审核分包单位的资格?

答:对分包单位资格应审核以下内容:

(1)分包单位的营业执照、企业资质等级证书、特殊行业施工许可证、国外(境外)企业在国内承包工程许可证。

(2)分包单位的业绩。

(3)拟分包工程的内容和范围。

(4)分包单位专职管理人员和特种作业人员的资格证、上岗证。

52.《建设工程监理规范》关于房屋工程测量监控有哪些具体要求?

答:房屋工程测量的工作内容是将净建筑总平面图上所设计的建筑物、构筑物的位置,按照设计要求,测设到施工现场,正确地定位到地面上。为防止测量放线发生差错给工程带来损失,监理工程师必须认真做好房屋工程测量的施工监控工作。

《建设工程监理规范》第5.2.7条规定:专业监理工程师应按以下要求对承包单位报送的测量放线控制成果及保护措施进行检查,符合要求时,专业监理工程师对承包单位报送的施工测量成果报验申请表予以签认:

(1)检查承包单位专职测量人员的岗位证书及测量设备检定证书。

(2)复核控制桩的校核成果、控制桩的保护措施以及平面控制网、高程控制网和临时水准点的测量成果。

根据上述要求,监理工程师在监控过程中须按下列程序对房屋工程测量放线进行监控:①承包单位对测量仪器及钢尺进行自检,合格,报送项目监理机构审查。②监理工程师检查测量仪器及钢尺的检定证书,合格,由承包单位进行校测起始依据(规划红线和水准点);不合格,通知承包单位将仪器、钢尺送计量器具检定部门检定。③监理工程师复测起始依据,合格,由承包单位制订场地控制网方案;确认有差错,与有关部门协商,办理相关手续。④监理工程师审核场地控制网方案,同意,由承包单位测放场地控制网;不同意,承包单位重新修改方案。⑤监理工程师校测场地控制网,合格,对建筑物定位、放线及复核;不合格,承包单位重新测设控制网。

53. 房屋建筑工程施工测量监理检查监督有哪些具体内容?

答:(1)承包单位必须由专业测量人员从事测量工作,监理工程师应认真审查承包单位报送的专业测量人员资格证书。

(2)检查测量仪器。验证承包方提供的仪器检测证明,确保测量仪器钢尺、水准仪和经纬仪的精度。

(3)校测水准点。监理工程师应要求承包单位用往返法测定高差。高差平均值与已知高差值之差 $< \pm\sqrt{5n}$(mm)时(n 为测站数),可认定水准点正确,准予使用。

(4)校测红线桩。由城市规划部门测定并批准的规划红线,是建筑物定位的依据,在法律上起着标明建设用地四周边界的作用。承包单位要对红线桩位进行实地校测,并将校测资料提交监理工程师审核,经监理工程师签证认可,方可使用。

(5)检验施工控制网(平面和高程)。平面控制网和高程控制网是整个场地内各建筑物和构筑物平面、标高定位及高层建筑竖向控制的基本依据。其设置原则要便于全面控制又能长期保留,必须有场地的定位起始点和起始边、建筑物的对称轴和主轴线、圆心点等。

量距精度:建筑物定位放线的相对中误差为 $m_{定} = 1/6\ 000 \sim 1/12\ 000$;相对测角精度为 $\pm 20''$和 $\pm 10''$。

建筑物基础验线的允许误差：长度 $L \leqslant 30$ m，允许偏差 ±5 mm；30 m < $L \leqslant 60$ m，允许偏差 ±10 mm；60 m < $L \leqslant 90$ m，允许偏差 ±15 mm；$L > 90$ m，允许偏差 ±20 mm。

建筑物层间竖向测量偏差不应超过 ±3 mm。建筑物全高不应超过 $3H/10\,000$，且不应大于：30 m < H 为 ±10 mm，60 m < $H \leqslant 90$ m 为 ±15 mm，90 m < H 为 ±20 mm。

(6)查验施工轴线控制桩位置。

(7)查验轴线位置、高程控制桩标志，核查垂直度控制。

(8)签认承包方申报的《施工测量放线报验单》。

(9)认真检查沉降观测点，要求承包单位设置的沉降观测点位置准确、测点坚固、结构合理并利于观测和长期保存。同时要求承包单位提供各阶段的沉降观测点原始记录，记录应注明观测时的气象情况、荷载变化。及时向业主提供沉降观测结果。

54. 监理工程师如何校测建筑施工测量的起始依据？

答：建筑施工测量对于一般房屋建筑，如果它的起始依据是邻近的原有建筑物或构筑物，只要建设单位、承包人、设计人员和监理人员到现场确认以后，承包人即可据此进行房屋定位放线、开挖基槽。现场监理工程师也可按此程序进行对施工测量的监理。

若起始依据是规划红线和水准点，同样要会同上述各单位在现场当面交桩，进而督促承包人校测红线桩位和水准点的标高。校测无误，并经现场监理工程师批准后方可允许使用。

55. 监理工程师如何校测红线桩？

答：由城市规划部门测定并批准的规划红线，是建筑物定位的依据，它在法律上起着标明建设用地四周边界的作用。规划红线桩精度一般很高，但由于种种原因，桩位可能被碰动。因此，现场监理工程师应要求承包人在使用红线前进行校测。

首先，要核算设计总平面图上各红线桩的坐标(x，y)与边长(D)、左右夹角(β)是否对应。

其次，要对红线桩位进行实地校测，并将校测资料提交监理工程师审核。证实红线桩位无误后，监理工程师签证认可，准予使用。若发现有差错和误差超限时，监理工程师应会同承包人重新校测。当确认有差错时，应与设计单位联系，妥善处理，办好手续后，方可允许使用。

56. 监理工程师如何校测水准点？

答：由设计单位给定的水准点是向现场引测标高控制点的依据。若设计单位只提供一个水准点（或标高依据点），监理工程师直接或间接通过业主请设计单位负责保证其准确性。一般设计单位至少提供两个水准点，此时，监理工程师应要求承包人或会同承包人用往返测法测定其高差。若所测高差平均值小于 $\pm\sqrt{5n}$（mm）时（n 为测站数），可认定所给水准点及其标高正确，准予使用。若校测中发现问题，监理工程师应与设计单位或城市规划部门联系，妥善处理，办好手续后，方可允许使用。

57. 监理工程师如何监控场地平整测量？

答：场地平整测量是承包人在施工前实测场地地形，按竖向规划进行场地平整，测设场地控制网和对建筑物定位放线的一项工作。场地平整测量需要在现场测设方格网。现场监理工程师的任务主要是检测承包人测设的方格网及方格点的标高，并在测设图纸上签署意见。承包人在平整场地时，据此计算填土与挖土的土方量，作为该项土方工程结算的依据。

58. 监理工程师如何对场地控制网测设进行监控？

答：场地控制网包括平面控制网和标高控制网。它是整个场地内各幢建筑物和构筑物平面、标高定位以及高层建筑竖向控制的基本依据。监理工程师要监督承包人准确地测定与保护好场地控制网，首先要审查承包人的场地控制网测设方案，然后，在承包人控制网测定、自检合格后，进行验线。

（1）场地控制网测设方案的审查。现场监理工程师应根据场地情况、设计与施工要求，按照便于控制、全面又能长期保留的原则，审核承包人的场地控制网测设方案。①场地平面控制网应均匀分布全场区，控制线间距要适宜。控制网必须包括：作为场地定位的起始点和起始边；建筑物的对称轴和主要轴线；弧形建筑物的圆心点和直径方向；电梯井的主要轴线等。②场地平面控制网的形式应适合与满足整个场地建筑物测设的需要，控制点之间应通视、易丈量，且便于长期保留。③一般建筑物附近要设两个水准点或者 ±0.000 水平线，高层建筑附近至少设三个水准点或者 ±0.000 水平线。在整个场地内施测时，要同时能后视到两个水准点。场地内水准点应构成闭合图形，以便于闭合校核。④各水准点点位要设在建筑物开挖和地面沉降范围以外，水准点桩的埋设应规范，以便长期保留。

(2)场地控制网的检查。承包人要按监理工程师批准的方案测设场地平面控制网。一般以设计给定的一个红线桩的点位和一条红线边的方向为准进行测设。承包人将控制网测定、自检合格后，应提出验线申报单，同时，应提交整体网形的闭合校核和局部校核资料。监理工程师在分析承包人提交的测设资料的同时还应实地校测验线，验线合格签证后，方允许其正式使用该场地控制网。

59. 房屋工程施工准备阶段测量监理有哪些具体内容?

答：(1)检查规划部门提供的建筑红线数据和平面控制坐标及高程控制的准确性。

(2)审查复核施工轴线定位及灰线签证。

(3)根据规划红线坐标，审核检查承包单位测设的建筑物，其周边位置是否符合规划部门的要求，验收建筑红线的准确性。

(4)检查控制桩的埋点规格、埋点材料是否符合要求，高程引测数据是否正确。

60. 房屋工程主体结构施工阶段测量放线如何监控?

答：(1)检查施工轴线。既要依据施工测量规范检查每层轴线控制线的位置和准确性，又要抽查墙边线的准确性。

(2)核查基坑、土方开挖标高的准确性,控制偏差在2.5 mm以内。

(3)检查每层钢筋上测设的500线标高,检查墙体,墙柱上1 m或500线准确性,同时检查钢筋位置准确性。

(4)根据轴线控制线、墙体模板控制线(300线或500线)核查外墙体是否倾斜,确保垂直度偏差在规范允许范围内。

(5)控制每层楼板浇筑后混凝土面结构标高,电梯井内壁的垂直及内口尺寸,建筑物沉降、竖向倾斜、位移测量情况,控制偏差在规范允许范围内。

61. 房屋工程装饰装修施工阶段测量放线如何监控?

答:(1)检查每层各户进户门的放线。

(2)检查外墙体及电梯井的垂直度。

(3)检查每层楼板面的结构标高和控制线标高。

(4)检查窗户中心位置是否准确。

(5)检查抹灰后,走廊、房间内净空尺寸是否符合要求,以便为装饰装修提供依据。

62. 如何对高层建筑竖向施工测量实施监控?

答:承包单位在基础工程完工后,对建筑物轴线桩进行认真校测,经校测无误后,将建筑物轮廓和各细部轴线精确地弹测到±0.000首层平面上,随后要将首层轴线逐层向上投测,以作为各层放线和结构竖向控制的依据。监理工程师对上述工作应进行检测,或在承包单位投测时,在旁监测,以保证测设质量。

当施工场地比较宽阔时,可用经纬仪进行外控施测,当场地窄小,无法在建筑物之外的轴线上安装经纬仪施测时,可用内控法,如利用激光铅直仪施测。

63. 监理工程师如何对建筑物沉降观测实施监控检测?

答:建筑物的沉降观测点一般在房屋底层±0.000标高线上,沿房屋纵横轴线、四角及沉降两侧设置,按规范要求埋设永久性观测点。第一次观测应在观测点安置稳固后进行,以后每施工一层,复测一次,直到竣工。沉降观测记录属于工程竣工资料。

64. 房屋工程竣工后的测量监理有何要求?

答:参加竣工验收时,监理工程师主要负责以下实测工作:对外墙大角、墙面垂直度、平整度检测,水平灰缝控制检测,柱断面、轴线尺寸检测,门窗洞口位置检测,楼梯间踏步、尺寸检测等。以此作为单位工程(或分部工程)评定质量标准的依据。

65. 对房屋工程测量控制应注意哪些问题?

答:(1)测量放线监理工作必须在监理规划编制中给予充分考虑,要依据不同的工程特点,由测量专业监理工程师编制监理细则,设立测量质量见证点。

(2)在审查工程项目施工组织设计时,必须认真审查承包单位提供的测量控制方案,并提出完善、优化的建议;要检查承包单位的测量仪器及测量人员的操作是否满足施工需要和符合规范要求。

(3)监理工程师在对测量放线成果进行复核验证时,要仔细检查测量仪器是否正常,验证测量仪器的检测结果,避免和防止错误的发生。

(4)房屋建筑工程的测量放线监控工作,同样是在承包单位自测自检的基础上由监理工程师对承包方申报的测量成果进行审查验证的。要特别注意防止在监控测量放线过程中混淆责任界限,致使监理工程师与承包单位施测人员"合二为一",而应由监理工程师直接为承包方提供施测数据或实测资料。

66. 什么是工地例会?工地例会应包括哪些主要内容?

答:工地例会是工程项目有关各方在工程实施阶段定期召开的会议。由总监理工程师主持召开。会议纪要应由项目监理机构负责起草,并经与会各方代表人会签。

工地例会应包括以下主要内容:

(1)检查上次例会议定事项的落实,分析未完事项原因。

(2)检查分析工程项目进度计划完成情况,提出下一阶段进度目标及其落实措施。

(3)检查分析工程项目质量状况,针对存在的质量问题提出改进措施。

(4)检查工程量核定及工程款支付情况。

(5)解决需要协调的有关事项。

(6)其他有关事宜。

此外,总监理工程师或专业监理工程师还应根据工程需要,及时组织专题会议,解决施工过程中的各种专项问题。

67. 承包单位报送工程开工应具备哪些基本条件?

答:专业监理工程师应审查承包单位报送的工程开工报审表及相关资料,具备以下开工条件时,由总监理工程师签发,并报建设单位:

(1)施工许可证已获政府主管部门批准。

(2)征地拆迁工作能满足工程进度的需要。

(3)施工组织设计已获总监理工程师批准。

(4)承包单位现场管理人员已到位,机具、施工人员已进场,主要工程材料已落实。

(5)进场道路及水、电、通信设备等已满足开工要求。

68. 第一次工地会议由谁主持召开,有哪些主要内容?

答:工程项目开工前,监理人员应参加由建设单位主持召开的第一次工地会议。

第一次工地会议应包括以下主要内容:

(1)建设单位、承包单位和监理单位分别介绍各自驻现场的组织机构、人员及其分工。

(2)建设单位根据委托监理合同宣布对总监理工程师的授权。

(3)建设单位介绍工程开工准备情况。

(4)承包单位介绍施工准备情况。

(5)建设单位和总监理工程师对施工准备情况提出意见和要求。

(6)总监理工程师介绍监理规划的主要内容。

(7)研究确定各方在施工过程中参加工地例会的主要人员,召开工地例会周期、地点及主要议题。

第一次工地会议纪要应由项目监理机构负责起草,并经与会各方代表会签。

69. 监理工程师如何审查施工组织设计?

答:施工组织设计是承建单位自行编制用来指导施工活动的重要技术文件。施工阶段的监理任务主要是对工程进行“三控、两管、一协调”,而“三控”机制中的事前控制又是监理工作的基本原则之一。因此,对施工组织设计的审查控制是保证工程项目“三控”目标顺利实施的重要手段。监理工程师审查和要求的施工组织设计应力求“技术先进、经济合理、施工安全、切实可行”,同时还应做到图表形象化、程序网络化,并正确处理好质量、工期和效益三者之间的关系。

理想的施工组织设计一般需要通过以下几个方面的审查:①编制内容;②施工部署、施工方法和施工机械的选择;③施工进度和各种资源配置计划;④临时设施;⑤施工平面布置图;⑥施工技术组织措施;⑦技术经济指标;⑧安全生产管理体系和安全生产保证体系。

70. 审查施工组织设计有哪些工作程序?

答:施工组织设计审查程序是:

(1)承包单位必须完成施工组织设计的编制及自审工作,并填写施工组织设计(方案)报审表,报送项目监理机构。

(2)总监理工程师应在约定时间内,组织专业监理工程师审查,提出审查意见后,由总监理工程师审定批准。需要承包单位修改时,由总监理工程师签发书面意见,退回承包单位修改后再报审,总监理工程师应重新审定。

(3)已审定的施工组织设计由项目监理机构报送建设单位。

(4)承包单位应按审定的施工组织设计文件组织施工。如需对其内容做较大变更,应在实施前将变更内容书面报送项目监理机构重新审定。

(5)对规模大、结构复杂或属新结构、特种结构的工程,项目监理机构应在审查施工组织设计后,报送监理单位技术负责人审查,其审查意见由总监理工程师签发。必要时与建设单位协商,组织有关专家会审。

71. 审查施工组织设计应满足哪些基本要求?

答:审查施工组织设计的基本要求:

(1)施工组织设计应有承包单位负责人签字。

(2)施工组织设计应符合施工合同要求。

(3)施工组织设计应由专业监理工程师审核后,经总监理工程师签认。

(4)发现施工组织设计中存在问题应提出修改意见,由承包单位修改后重新报审。

72. 施工组织设计一般应包括哪些内容?

答:施工组织设计一般包括:编制说明,工程概况,施工部署,施工方法和施工机械选择,施工总进度计划,劳动力需用量计划,临时设计规划,施工总平面布置,施工技术措施,安全生产管理措施,材料物资机具供应计划,主要技术经济指标,工程所采用的主要标准、规范、规程编目,其他事项说明等。

审查时如发现内容不齐全或不完整,监理工程师应在"施工组织设计(方案)报审表"中及时提出书面要求限期补充,避免项目监理机构延期审批造成不完整的施工组织设计自动生效的被动局面。

73. 监理工程师如何审查施工部署、施工方法和施工机械的选择?

答:施工部署是施工组织设计的中心环节。本部分主要审查承包商的施工管理组织和质量、安全保证体系是否建立并健全,如组织机构的设置、人员设置与分工、管理人员素质是否符合要求、各种施工管理制度是否落实等;监理工程师还应审核施工程序是否科学合理、衔接是否紧密、各阶段的施工目标重点是否明确、交叉施工项目是否落实相应措施;施工流向能否满足工程质量和施工安全等。

审查施工方法,首先是要检查承包单位对分部(子分部)工程是否制定了相应的施工方法(方案)。对于施工方法(方案)的选择应进行技术经济分析,论证技术的先进性、可行性与经济合理性,并结合现场实际方法是否可行,施工条件是否允许,是否符合国家、地方颁布的有关规范、质量验评标准和技术规程。

关于施工机械的选择,要做到因地制宜、切合实际。选择施工机械时要结合施工企业技术装备现状,充分考虑施工机械对施工条件的适用性和多用性,充分发挥机械效率和利用程度,以降低工程成本。

74. 监理工程师如何审查施工进度和各种资源需用计划?

答:施工进度计划是施工组织的重要组成部分。对施工进度计划的审查主要是看进度计划表示方法是否正确;进度在总时间安排上是否符合合同工期;进度是否有连续性、均衡性;施工顺序、流向是否互相平行搭接;主体交叉等施工是否符合施工工艺、质量和安全的要求;有无恰当的冬雨季施工措施;施工过程中的关键工序起止时间是否正确合理,是否考虑了应有的技术和组织间歇时间以及农忙春节等影响因素等。

对于各种资源需用计划的审查,主要是检查承包单位各种资源的供应是否均衡、落实和协调。要重点审查承包单位的劳动力、主要材料、设备、构配件、半成品需要量供应计划能否保证施工进度计划的实现,防止和杜绝供需脱节、供不应求和停工待料等现象的发生。

75. 监理工程师如何审查临时设施规划?

答:审查临时设施规划主要从以下方面检查其是否满足施工需要:

(1)临时设施的建筑面积应以经济、实用为原则,因地制宜、因陋就简,尽量采用拆装或移动式建筑。生活性临时建筑面积应满足施工高峰期人均数量需要;临时仓库应根据材料需用总量并结合施工进度要求考虑确定材料储备周期。此外,生产性临时设施还应满足各专业工程预制加工工艺和深度的需要。

(2)临时供水应满足施工生产用水、施工人员生活用水和现场消防用水的要求。

(3)临时用电应考虑用电负荷的平衡及线路设备的经济性,满足现场施工临时设施(生产、生活)的用电要求,以保证施工现场安全文明施工的必要条件。

76. 监理工程师如何审查施工平面图?

答:施工平面图是安排和布置施工现场的基本依据,是实现有组织、有计划和顺利进行施工的重要条件,也是组织现场文明施工和加强现场管理的基础。审查时,应重点考虑以下几个方面:

(1)应满足施工生产、职工生活和现场管理全过程的需要。

(2)对已建(拟建)的永久性建(构)筑物、临时建筑、仓库、堆料场、加工厂、临时供水(电)管(电)线路走向、施工机械、施工道路、围墙、基准点、车辆停放地等进行统筹安排,合理布置,并标有具体位置和尺寸。

(3)是否符合市容、消防、环保、城市规划和文明施工的有关规定。

(4)施工平面布置与拟建工程位置是否有冲突、碰撞。

(5)施工机械布置和开行路线是否合理。

77. 监理工程师如何审查施工技术组织措施?

答:监理工程师应重点审查承包商的质量、安全保证体系,保证工程进度措施,保证工程质量和安全生产、文明施工措施,推广先进技术,提高施工技术水平,提高劳动生产率措施,降低施工成本和提高经济效益措施,冬雨季施工措施。

78. 监理工程师如何审查技术经济指标?

答:监理工程师应对施工工期指标、劳动生产率指标、工程质量指标、安全生产指标、降低工程成本指标、主要材料节约指标进行确定,结合工程项目所采取的各项技术组织措施预测实施效果,最终进行综合评审,择优选择合理的施工方案。

79. 施工过程中,承包单位可否对已批准的施工组织设计进行修改?

答:在施工过程中,当承包单位需要对已批准的施工组织设计进行调整、补充或变动时,应经专业监理工程师审查,并应由总监理工程师签认。

80. 建设工程报验的范围有哪些具体规定?

答:国家标准《建设工程监理规定》(GB50319—2000)将建筑工程需要报验的内容具体规定如下:①工程项目开工及停工、恢复施工;②施工组织设计(方案);③分包单位资格;④检验批、分项、分部、单位工程质量验收以及提请监理人员对隐蔽工程的检查和验收的确认及施工测量放样;⑤申请工程款支付;⑥回复监理工程师的通知单;⑦工程临时延期;⑧费用索赔;⑨工程材料、构配件、设备;⑩工程竣工。

81. 项目监理机构如何抓好报验?

答:报验是法定程序,该报验的不报验,就是违法和违约,将给工程带来隐患,造成不可弥补的损失。因此,项目监理机构必须认真抓好报验。

抓好报验拟采取以下三种办法:一是严格按照法定程序和要求进行报验,强化工程报验及验收制度;二是对于施工单位的疏忽、忘却而遗漏的报验项目,要及时提醒督促施工方按章报验;三是坚持原则,认真处理和对待少数施工单位蒙混过关、逃避报验、以次充好、偷工减料的不良行为。如:千方百计避开监理浇筑混凝土;抽换钢筋,以小代大,以短代长;水泥进场不复验;回填土不按规范要求操作,压实密度不够;钢筋焊接试样不在成品上截取,任意调包;混凝土强度等级未到龄期随意拆除模板顶撑等。要处理好以上不良行为很不容易,要求监理人员必须具备良好的技术素质，勤奋学习，熟悉规范和技术标准，加强和树立维护工程质量的高度责任感，保持高尚的职业道德，奉公守法，反腐倡廉，坚决抵制公私不分、以权谋私的不良行为，把好报验关，确保工程质量万无一失。

82. 为什么说抓好施工质量的事前控制是保证工程质量的基础？

答：抓好施工质量的事前控制具有十分重要的意义：首先，因为建设工程的质量受多种因素直接或间接的影响，如材料、设备、施工方法、技术措施、人员素质、工期、设计及投资等。监理工程师提前考虑影响质量的诸多因素，并结合工程具体情况，针对可能出现的某种因素进行排查，从而将隐患消除在萌芽状态，这是保证工程质量的基础。

其次，项目监理机构认真抓好施工质量事前控制，完善项目监理部的质量保证体系，积极主动地控制工程质量，使质量控制工作有计划地开展实施，有章可循，从而为建设工程的顺利建成奠定了基础。

83. 开展事前控制应遵循哪些原则？

答：开展事前控制应遵循以下原则：

(1)质量第一。建筑产品直接关系到人民生命财产的安全。所以，坚持“质量第一”是监理工程师做好质量控制工作自始至终应遵循的基本原则。

(2)预防为主。根据工程质量的隐蔽性、终检的局限性，对工程质量的控制更应重视事前控制，严格事中监督，防患于未然。这是确保工程质量的有效措施。

(3)以4MIE为控制核心。紧紧围绕影响工程质量的4MIE(即人、机械、材料、方法、环境)进行控制，是监理工程师做好施工质量事前控制工作的关键。

(4)设立质量控制点。对关键部位设立质量控制点。以工序质量控制为核心进行事前预控，严格工序检查。将预防为主与检验把关相结合，及时发现问题，查明原因，采取相应的纠偏措施，防止工程质量事故的发生。

(5)坚持质量标准。质量标准是业主、监理、承包单位共同遵守的准则和依据。在监理过程中,督促检查施工单位严格执行国家现行规范、标准、规程,按照工程合同和设计图纸要求组织施工。

(6)恪守职业道德。监理工程师在质量控制过程中,必须坚持科学、公正、守法的职业道德。尊重科学,实事求是,以数据资料为依据,坚持原则,客观、公正地处理质量问题。

84. 施工质量的事前控制主要有哪些任务和内容?

答:施工质量的事前控制主要包括以下任务和内容:

(1)认真做好施工准备阶段的各项工作。

(2)严把开工关,按照《建设工程监理规范》要求的开工条件,签署核查意见,由总监理工程师批准。

(3)认真控制材料、构配件、设备的质量标准,主要抓好材料、构配件、设备的进场、检验、使用及代换。

(4)制定质量检验计划,约定质量控制点,规定质量监控的工作程序。

(5)列出施工过程中预计的质量问题及防护措施。

(6)做好施工试验、见证取样送检工作。

85. 如何做好施工准备阶段的质量事前控制工作?

答:施工准备阶段的质量事前控制具体工作有:

(1)确定质量标准,明确质量要求。监理工程师必须熟悉和掌握国家现行的规范、标准,以及工程合同文件和已经会审的设计图纸,以此作为工程质量控制的技术标准和依据,进行工程质量监督和控制。

(2)完善项目监理部的质量控制体系。针对工程的实际情况和特点,建立质量监理组织机构,健全完善质量管理制度,明确质量控制程序,落实质量监控责任。

(3)督促检查承包单位的质量保证体系。审查承包单位现场项目管理机构的质量保证体系,重点审核质量管理、技术管理和质量保证的组织机构、管理制度、管理人员的配备及资格情况。

(4)复验测量放线成果。检查承包单位报送的工程控制网测量成果报验单,对测量放线成果及保护措施进行检查;复验控制桩的校核成果、控制桩的保护措施以及平面控制网、高程控制网和临时水准点的测量成果。同时检查承包单位专职测量人员的岗位证书。

(5)审核分包单位资质。开工前,首先应仔细审查承包单位报送的分包单位资格报审表及相关资料。重点审核分包单位的营业执照、企业资质等级证书、特殊行业施工许可证、国外(境内)企业在国内承包工程许可证,分包单位业绩,拟分包工程的内容、范围及占全部工程量的比重,专职管理人员和特种作业人员的资格证、上岗证。

(6)审核施工方法:①审查施工单位报送的单位工程施工组织设计及质量计划,检查其内容的完整性、适用性、合理性、针对性和可操作性,并对质量计划的实现目标进行审核并签署意见。检查施工现场总体部署的合理性,是否有利于保证施工现场的正常、顺利进行。②审核作业指导书。对于关键部位、技术难度大、施工复杂的分部、分项工程,要求施工单位提交作业指导书。内容应包括施工方法、质量要求和验收标准,施工过程中需注意的问题,出现意外的应急措施及方案。重点围绕施工的操作人员、机械设备、材料(构配件)、工艺方法、施工环境、具体管理措施等。要求施工单位明确做什么、谁来做、如何做,以及验评标准、完成时间等。

(7)特种作业人员的审核。审查施工单位提交的特种作业人员统计表,审查特种作业人员(如电气焊、电工、电梯安装、防水工程、高空作业、爆破及机械司机等)的有效证件及从事工作范围。施工过程中,查对现场实际作业人员与报验人员是否相符。不符合要求的不许上岗作业。

(8)施工机械设备的控制。审查施工单位报送的主要施工机械设备报审表及证明材料,对所报机械设备的名称、规格型号、数量、进场日期、技术性能、运行状态的完好程度进行现场核对,查验是否符合批准的施工组织设计,是否能满足施工需要和质量要求。

86. 在质量事前控制中，如何抓好材料、构配件、设备的进场、检验、使用及代换工作？

答：抓好材料、构配件、设备的进场、检验、使用及代换，程序要严密，工作必须具体细化：

(1)对进场的原材料，要求施工单位填报工程材料报审表，重点对原材料、成品与半成品、加工件等合格证或出厂质量证明书及复试报告进行审查，并对进场的实物按照规定比例或见证取样计划进行平行检验或抽检，合格后方可在工程中使用。

(2)对在工程中使用的新材料、新工艺、新结构、新技术均应具备完整的鉴定证明书和试验报告，经审查确认后，方可在工程上使用。必要时，对首件进行试验，合格后方可使用。

(3)监督施工单位对经检查不合格的原材料作出标识，并及时清理退出现场。

(4)督促施工单位加强对原材料的堆放、保管、防护等，并审查其具体措施。

(5)凡需进行设计变更或材料代换的项目，严格按设计变更管理程序及制度执行。设计变更单及材料代换单必须经有关各方签字批准后，在施工前送达监理部，作为施工和检查验收的依据。

87. 监理工程师如何监控厨卫间渗漏难点？

答：厨卫间渗漏是房屋工程质量的施工难点和通病。监理工程师做好厨卫间渗漏防治工作应注意以下两点：一是要严格按监理程序办事；二是要找出治理渗漏的方法，要求承包单位项目部制定出有效的防治质量通病的措施。

88. 造成厨卫间渗漏的主要原因是什么？

答：造成厨卫间渗漏的主要原因有：

(1)厨卫间楼面混凝土振捣密实度不够，混凝土结构自身防水作用被削弱。

(2)厨卫间墙体自楼面直接砌筑,没有采取结构的防水措施。

(3)地面找平层施工时泛水做得不标准,排水不通畅,造成积水。

(4)穿楼面管洞处理不好,浇筑混凝土不密实,有的是混凝土养护不规范,立管在混凝土终凝前有松动,使后浇混凝土散裂,造成立管根部渗漏。

(5)座便器预留排水管的甩口高度不够。

(6)施工监督管理不力,施工人员不按规范、标准施工,质检人员未按规范、标准进行监管,监理人员未按监理程序进行监控。

89. 防治厨卫间渗漏可采取哪些措施和方法?

答:项目监理部应针对厨卫间施工质量通病认真落实两项主要防治监控措施:

(1)组织管理措施,包括:①落实工程项目监理部的监控职责,由总监理工程师全面负责,土建、水暖、专业监理工程师各负其责,分头把关,切实保证施工质量;②要求施工班组确定质量控制点,搞好技术交底,使施工人员对产生渗漏的关键环节做到心中有数;③项目监理部应要求施工项目部编制厨卫间防治渗漏通病的作业指导书,组织专业小组进行操作;④项目监理部与业主共同督促施工项目部实行分区经济责任制,分区班组长对厨卫渗漏承担经济责任。

(2)施工技术措施,包括:①施工技术措施由承包单位认真组织落实,监理工程师严格监控,结构施工严格按图进行,确保厨卫间现浇混凝土地面比室内其他房间地面低 20 mm;②厨卫间四周设置细石混凝土止水泛边,与楼面混凝土一次浇筑;③浇筑厨卫间楼板时,严格控制防止过振和漏浆,浇筑后及时用水抹子搓平、压实,按规范标准进行养护;④保证预留洞坐标位置准确,避免打凿混凝土;⑤管道安装时,楼层预留孔管段毛化处理,保证新浇混凝土与管道结合紧密;⑥严格控制地漏标高,做地面时以地漏为中心向四周辐射冲筋找好坡度;⑦做好防水层,聚氨酯防水涂抹三遍成活,确保均匀密实;⑧坡度找准后,一次性做面层。

90. 房屋装修中的隐蔽工程应注重哪些监控要点?

答:房屋装修中的隐蔽工程应注重的监控要点主要有给排水工程、电线管线工程、地面基层及隔墙基层等,其中以水电工程的质量监控尤为重要。

91. 如何监控房屋装修中的给排水隐蔽工程?

答:给排水隐蔽工程有以下三处监控要点:

(1)水管线是否漏水。首先,要检查 PP－R 管安装布局是否合理,保证管路横平竖直,并且注意管线不得靠近电源。管线与卫生器具的连接一定要紧密,经通水试验应无渗漏现象。

(2)地面排水是否顺畅。卫生间、厨房是室内排水的主要场所,因此,地面找平层应有一定坡度(2%),以确保水在地面自然汇集流向地漏。但应注意,不能单纯为了排水顺畅而加大坡度,因为坡度过大会影响美观与防滑。

(3)防水层防水性是否良好。厨卫间地面和墙面防水要求比其他房屋高,防水涂料一般要刷到 1.8 m 高(其他房间一般在 0.3 m 高)。使用的涂料必须是经过验收合格、性能良好的产品。此外,对厨卫间现浇混凝土地面施工实施旁站监理,确保施工质量。

92. 如何监控房屋装修中的电线管线工程?

答:电线管线工程应加强以下部分的质量监控工作:

(1)PVC 管线连接是否紧密。电源线在埋入墙内、吊顶内、地板内时必须穿 PVC 管,管内不应有接头或纽结。电线保护管的弯曲处应使用配套弯管工具或配套弯头,不应做成死弯。

(2)PVC 管的保护。在地面电路铺设完毕后,应在铺设的 PVC 管两侧放置方木,以防止 PVC 管在施工过程中被踩踏破损。强弱电的线路间距应不少于 50 cm。以减少二者之间的电磁干扰和防止安全事故的发生。

93. 如何监控房屋装修中的地面基层与隔墙基层?

答:(1)地面基层。对房屋地面不平整处进行处理,主要用水泥砂浆找平。另外,在厨卫间应保留2%的坡度,以利排水。

(2)隔墙基层。隔墙基层宜做水泥砂浆拉毛处理,以增加瓷砖与基层的粘结力,保证瓷砖附着更加牢固。

以上各点,由施工单位认真组织实施,监理人员认真巡检或实施旁站监理。

94. 专业监理工程师如何监管承包单位采用新材料、新工艺、新技术和新设备?

答:当承包单位采用新材料、新工艺、新技术、新设备时,专业监理工程师应要求承包单位报送相应的施工工艺措施和证明材料,组织专题论证,经审定后予以签认。

95. 监理工程师如何考核承包单位的试验室?

答:专业监理工程师应从以下五个方面对承包单位的试验室进行考核:

(1)试验室的资质等级及其试验范围。

(2)法定计量部门对试验设备出具的计量检定证明。

(3)试验室的管理制度。

(4)试验人员的资格证书。

(5)本工程的试验项目及其要求。

96. 审查承包单位拟进场的工程材料、构配件、设备有哪些具体要求?

答:专业监理工程师应对承包单位报送的拟进场工程材料、构配件、设备报审表及其质量证明资料进行审核,并对进场的实物按照委托监理合同约定或有关工程质量管理文件规定的比例采用平行检验或见证取样方式进行抽检。

对未经监理人员验收或验收不合格的工程材料、构配件、设备，监理人员应拒绝签认，并应签发监理工程师通知单，书面通知承包单位限期将不合格的工程材料、构配件、设备撤出现场。

97. 什么是平行检验？

答：平行检验就是项目监理机构在审查承包单位报批的工程材料、构配件、设备过程中，利用一定的检查或检测手段，在承包单位自检的基础上，按照一定的比例独立进行检查或检测的活动。

98. 见证取样和送检工作的实际含义是什么？

答：为了保证试样能代表母体的质量状况以及建设工程质量检测工作的科学性、公正性和准确性，必须执行见证取样和送检制度。见证是监督施工单位按规范进行操作，不乱取样，不取错样；送检是为了确保试样在送至试验室的过程中不被更换、调包，保证试样的真实性。也可以说，见证取样和送检是在工程监理单位人员的见证下，由施工单位的有关人员现场取样，并送至具备相应资质的检测单位进行检测，见证人员和取样人员对试样的代表性和真实性负责。

见证取样是监理的第一手资料，为监理工程师的签认提供了真实、准确的依据。

99. 为什么说见证取样制度必须强制执行？

答：《建设工程质量管理条例》第 36 条规定：“工程监理单位应当依据法律、法规以及有关技术标准、设计文件和建设工程承包合同，代表建设单位对工程实施监理，并对施工质量承担监理责任。”

《建设工程监理规范》第 5.4.6 条规定：“专业监理工程师应对承包单位报送的拟进场工程材料、构配件和设备的报审表及其质量证明资料进行审核，并对进场的实物按照委托监理合同约定或有关工程质量管理文件规定的比例采取平行检验或见证取样方式进行抽检。”

《建设工程施工质量验收统一标准》（GB50300—2001）（以下简称《统一标准》第 3.0.3 条规定：“涉及结构安全的试块、试件以及有关材料应按规定进行见证取样检测;对涉及结构安全和使用功能的重要分部工程应进行抽样检测。”

从以上几条可以看出见证取样和送检在监理工作中的重要作用,它是监理单位控制建设工程质量必不可少的重要方法和手段,也是法律赋予监理的重要职责。

因此,见证取样送检制度必须强制执行。

100. 见证取样和送检的范围有哪些规定?

答:《统一标准》规定,凡涉及结构安全的试块、试件和材料都必须实行见证取样和送检制度,且见证取样和送检的比例不得低于有关技术标准中规定应取样数量的30%。因此,对涉及到结构安全的试块、试件以及有关材料都是见证取样和送检的范围。具体包括:用于承重结构的混凝土试块、钢筋及连接头试件、预应力锚具、钢绞线、钢丝、混凝土中使用的掺加剂;用于承重墙体的砌筑砂浆试块、砖和混凝土小型砌块;用于拌制混凝土和砌筑砂浆的水泥;地下、屋面、厨浴间使用的防水材料;国家规定必须实行见证取样和送检的其他试块、试件和材料等。

101. 见证取样和送检有哪些工作程序?

答:见证取样和送检必须严格按以下程序进行:

(1)工程项目施工开始前,项目监理机构要督促承包商尽快落实见证取样的送检试验室。试验室要经过监理工程师考核签认。同时,试验室还应是和承包商没有行政隶属关系的第三方。

(2)建设单位要将选定的试验室报送质量监督部门备案并得到认可,同时要将见证人员和取样人员在该质量监督部门备案。

(3)承包商在对进场材料、试块、试件、钢筋接头等实施见证取样前要通知见证人员。在见证人员的现场见证下,取样人员按规范要求,完成材料、试块、试件等的取样过程。见证人员应对试样进行监护,并和取样人员一起将试样送至试验室或采取有效的封样措施封样。有专用送样工具的工程,见证人员必须亲自封样。

(4)试验室在接受委托检验任务时,须由送检单位填写委托单,见证人员要在检验委托单上签字。

(5)试验室应在检测报告单上加盖"有见证取样送检"印章。若发生试样不合格时,应先通知见证单位或建设单位和质量监督部门,并建立不合格项目台账。

102. 监理工程师如何监控施工试验、见证取样送检工作?

答:主要做好以下监控工作:

(1)试验室资格。检查施工单位提交的试验室资格报审表。承包单位拟定施工试验的试验室,无论是施工企业内部的,还是在外委托的,均应提交试验室资格报审表。审查时,会同承包单位对试验室进行实地考察,就试验室的资质等级、试验范围、法定计量部门出具的计量检定证明、试验室的管理制度、试验人员的资格证书进行审核,就其试验资质和能力与本工程试验项目及其要求是否相符,签署意见。

(2)施工计量器具、检测仪表。审查施工单位报送的主要施工计量器具、检测仪表检验统计表,查对工程所用的经纬仪、水准仪、钢卷尺、台秤等的检定证书是否符合有关标准的要求,能否满足工程需要。

(3)施工试验计划。审核施工单位编制的施工试验计划的科学性、合理性,保证取样的连续性和均匀性。

(4)见证取样计划。编制见证取样计划,约定见证取样送检的工作程序。对用于关键部位的材料和试件进行见证取样。

(5)材料级配的审查。审查施工单位报送的理论配合比,是否符合设计要求及相关规范的要求。检查现场的计量装置、称重衡器,查对投入使用的原材料、实际配合比是否与批准的相符。现场所做的调整是否按技术复核要求和规定的程序执行。

103. 见证人员必须具备哪些基本条件?

答:一名合格的见证人员,必须满足以下条件:

(1)必须具备见证人资格,即见证人员应是施工现场的监理人员;要具有材料、试验等方面的专业知识,具备从事监理工作的上岗资格;

要经过见证取样培训考核合格,取得见证证书。

(2)必须具有建设单位的见证人书面授权书,要在质量监督部门备案并得到认可。

(3)必须具有良好的监理职业道德素质,不刁难施工单位,更不能与施工单位恶意串通、弄虚作假等来损坏建设单位的利益,做到客观公正。

104. 见证人员如何履行自己的职责?

答:见证人员在履行见证职责时,必须做到:

(1)取样时,必须在现场进行见证,要求取样按规范进行操作。

(2)必须对试样进行监护,对试样的代表性和真实性承担法定责任。

(3)见证时,必须在委托单上签名,对于重要的试件如钢筋、水泥等必须和施工人员一起将试样送至试验室。

(4)见证人员应制作见证记录,并将见证记录归入监理档案备查。

105. 在见证取样送检工作中应预防哪些常见问题发生?

答:监理工程师为做好见证取样送检工作,必须避免以下常见问题:

(1)取样不按有关标准。比如钢筋机构连接试件不在工程结构中随机截取,而是在加工场另行用边角废料制作试件。

(2)试样不按有关标准进行制作。比如施工现场采用人工插捣制作混凝土试块,制作人员随手抓起钢筋头一阵乱插猛捣,一边还另外加入粗骨料;标养试块、同条件养护试块统统拿到水池里去浸泡。

(3)试样所代表工程量的数量、批次不够。比如水泥强度物理性能试验报告中代表数量累计只有500 t,而工程实际用量却多达800 t;钢筋焊接试验报告中代表数量只有300个,而工程实际焊接接头有450个。

(4)无见证。取样人员不通知见证人员来见证便私自取样制样;见证人员不去见证就在检测委托单上签字;试样未经加封就交由取样人员自行送检;检测人员不管有无见证就接收试样。

(5)施工单位以追求利润为目的,可能将劣质材料以次充好;采取分批进料,中间夹杂一些次品。拌制砂浆、混凝土时,为了偷工减料,另外拌制高强度试块弄虚作假等。

106. 为确保见证取样送检工作的真实性,应采取哪些预控措施?

(1)根据工程的具体情况,在开工前,项目监理部应制定本工程见证取样送检工作制度、办法、监理实施细则。在监理细则中对材料进场报验、见证取样送检的范围、工作程序、见证人员和取样人员的职责、取样的方法、检测结果的判定及处理等都应做出具体规定。并且由总监理工程师主持召开见证取样和送检工作的专题会议,要求参建各方在施工中必须严格按制定的工作程序执行,对违反操作程序的责任单位制定具体的处罚办法。以便有章可循、有据可依,起到监理预控作用。

(2)见证人员必须对试样的代表性和真实性负责并承担法律责任;取样人员必须对试样是否符合相关技术标准负责并承担法律责任。需制定相应法则来提高见证与取样人员的责任心。

(3)监理单位应制定《见证取样送检实施细则》以指导见证工作,并经常到施工现场监督检查。

(4)项目监理机构应定期检查材料检测结果,将见证取样送检的检测结果与施工单位用于质量自控的检测结果对照比较,以便及时发现问题,及时组织对检测结果不合格项目进行技术分析,制定处理措施,督促整改。

(5)总监理工程师应定期检查见证人员的见证记录,从中发现并纠正不规范的见证取样送检行为。

(6)材料进场后,监理核查材料的出厂合格证、质保资料和数量等,核查合格后在见证员见证下,由承包商的试验员现场取样,将取好的试件做好标记,并共同送至试验室。见证员在试验委托单上签字确认。

(7)要求承包商将申报材料进场时间计划表报监理审批,使监理对材料进场时间心中有数,以保证材料不漏检。

(8)试验报告出来后,经见证员审核加盖监理公章后才能存档,并由见证员做好试验记录登记表。内容包括:取样日期、使用部位、取样人、见证人、试验报告编号、报告返回日期、试验结果等。从而确保工程使用合格材料,确保结构的安全。

107. 对水泥如何进行见证取样和送检?

答:水泥见证取样和送检应按以下程序进行:

(1)以同一品种、同一标号、同一出厂批号为一个验收批,每批总重不大于200 t复检一次。

(2)随机从不少于20袋装中抽取等量水泥,经拌和均匀后,再从中称取不少于12 kg水泥,用留样筒包装送检。

(3)水泥复检项目:抗压强度、抗折强度、凝结时间、安定性。

(4)水泥的各项复检项目均应符合规范及设计要求。

108. 砂、石材料如何进行见证取样和送检?

答:砂、石材料见证取样和送检应按以下程序进行:

(1)以同一产地、同一规格、同一进场时间,每批不大于400 m^3或不大于600 t为一验收批。①在料堆上取样时,先将取样部位表层铲除,然后由料堆的顶部、中部、底部抽取大致相等的试件8份(石子为15份)组成一组试样;②见证取样数量:砂30 kg、石子80 kg。

(2)见证砂必须试验项目:筛分析、含泥量、泥块含量。

(3)见证石必须试验项目:筛分析、含泥量、泥块含量、针状和片状颗粒的总含量、压碎指标值。

(4)砂、石试验复检数值必须符合规范及设计要求。

109. 钢筋如何进行见证取样和送检?

(1)钢筋见证取样数量:每批应由同厂别、同炉号、同一级别、同一规格为一个取样单位,每批重量不大于60 t复检一次,冷拉钢筋以同一级别、同一直径为一批,每批重量不大于20 t复检一次。①见证取样方法:每一验收批从两根钢筋中截取各二根为一组(两根拉力,两根冷弯试件),低碳热轧盘条取拉力一根,冷弯两根,截取试样时在距钢筋端头不小于50 cm处截取。②见证取样长度:直径大于20 mm的钢筋取45 cm两根、30 cm两根;直径16 mm、18 mm和20 mm的钢筋取40 cm两根、25 cm两根;直径小于16 mm的钢筋取35 cm两根、20 cm两根。

(2)钢筋焊接(包括双面、单面搭接焊,电渣压力焊和闪光对焊):试件应从成品中切取。①见证取样数量:同一钢筋级别规格,同一焊接参数,每200个接头为一验收批,不足200个接头按一验收批。②见证取样方法:每一验收批取样一组(3根)进行拉伸试验,其中闪光对焊要再取一组,进行弯曲试验。③焊接长度必须符合规范要求。④见证取样长度:试件取样长度按钢筋复检取样。

110. 混凝土试块如何进行见证取样和送检?

答:(1)混凝土试块见证取样方法及数量:①每拌制同配合比的混凝土100盘,但不超过100 m^3 的混凝土取样次数不得少于一组,不足100盘或者不足100 m^3 也按100盘及100 m^3 计;②需要分部验收的工程,如墩、台、梁等,应取样制作试件不少于3组;③孔桩:桩长20 m以内取2组,桩长20 m以上取3组;④预制小件按每一工作班组取2组。

(2)混凝土坍落度每一工作班至少取样两次。

111. 水泥砂浆试块如何进行见证取样和送检?

答:水泥砂浆试块见证取样方法及数量:

(1)每100 m^3(不足100 m^3 按100 m^3 计)砌体应取样一组。

(2)每一验收单位都必须至少有一组试件,如涵洞基础、墙身等。

112. 监理工程师如何监控隐蔽工程质量?

答:在施工阶段,总监理工程师应安排监理人员对施工过程进行巡视和检查。对隐蔽工程的隐蔽过程、下道工序施工完成后难以检查的重点部位,专业监理工程师应安排监理员进行旁站。此外,专业监理工程师还应根据承包单位报送的隐蔽工程报验申请表和自检结果进行现场检查,符合要求方可予以签认。对未经监理人员验收或验收不合格的工序,监理人员应拒绝签认,并严禁承包单位进行下一道工序的施工。

113. 什么是巡视?巡视检查包括哪些内容?

答:巡视是指监理人员对正在施工的部位或工序在现场进行的定期或不定期的监督活动。《建设工程监理规范》"条文说明"第5.4.8条规定:监理人员应经常地、有目的地对承包单位的施工过程进行巡视检查、检测。主要检查内容如下:

(1)是否按照设计文件、施工规范和批准的施工方案施工。

(2)是否使用合格的材料、构配件和设备。

(3)施工现场管理人员,尤其是质检人员是否到岗到位。

(4)施工操作人员的技术水平、操作条件是否满足工艺操作要求,特种操作人员是否持证上岗。

(5)施工环境是否对工程质量产生不利影响。

(6)已施工部位是否存在质量缺陷。

对施工过程中出现的较大质量问题或质量隐患,监理工程师宜采用照相、摄影等手段予以记录。

114. 什么是监理不到位?

答:监理不到位通常有以下几种表现:

(1)限于手段的不足甚至缺乏,本该进行平行检验的项目无法检查、测试,以至于在监理质量评估报告中,不得不引用施工单位提供的数据。

(2)有些监理人员责任心不强又不善于思考,对施工现场的巡视、旁站流于形式,不能及时发现施工过程中的各种质量问题。比如主体施工中出现的胀模、蜂窝、孔洞等混凝土外观质量缺陷。

(3)工程变更是项目监理工作中经常遇到的。《监理规范》要求总监理工程师应从造价、功能要求、质量和工期目标等方面,审查工程变更是否可行。可实际上能真正如此全面地去审查一个工程变更的并不多见。

(4)腿勤是对现场监理人员的基本要求,只有这样才能对施工现场每一工作面的作业内容、作业人数、气候情况了若指掌,成竹在胸。有些监理人员要么一天都难得跑一次现场,要么下去也是走马观花,应付差事。他们的监理日记总是非常吝惜笔墨、流水账式的寥寥数语,根本无法真实反映当天施工活动中发生的情况。因此,在监理例会上他们要么沉默不语,要么无的放矢。

上述情况,反映了监理人员没有按规范或《委托监理合同》的要求去开展项目监理工作,故应视为监理服务不到位。

115. 什么是监理越位?

答:监理越位一般表现为个人行为,常在无意识或浑然不觉中发生。例如,在实践中,经常可以看到这样的情形,总监理工程师主持的工程例会上,施工管理人员汇报时说"上周按照监理工程师指示,完成了某某工作"。然后监理接过话头,越俎代庖,就工程作业内容、施工方法、施工组织部署甚至于劳动力的投入等说了一大通意见和要求,监理例会俨然成了施工单位的生产调度会。又例如,在工地巡视或旁站时,有的监理人员直接指挥生产工人这样做那样做,干扰了施工方正常的生产秩序;更为常见的是,施工单位的质量管理体系和质量保证体系不健全,专职质检员形同虚设,施工单位往往把监理人员当成了他们的质检员,来完成本该由施工方自己完成的自检程序,造成监理的被动越位。

监理人员工作越位的严重后果是显而易见的,除了做了不该做的事情以外,更重要的是,一旦发生工程质量事故或安全事故,责任不清,监理机构很可能与施工企业一起站到被告席上,给监理企业带来不必要的损失。

116. 监理工程师如何处理工程质量缺陷或重大质量隐患?

答:对施工过程中出现的工程质量缺陷,专业监理工程师应及时下达监理工程师通知,要求承包单位整改,并检查整改结果。

监理人员发现施工存在重大质量隐患,可能造成质量事故或已经造成质量事故时,应通过总监理工程师及时下达工程暂停令,要求承包单位停工整改。整改完毕并经监理人员复查,符合规定要求后,总监理工程师应及时签署工程复工报审表。总监理工程师下达工程暂停令和签署工程复工报审表,宜事先向建设单位报告。

对需要返工处理或加固补强的质量事故,总监理工程师应责令承包单位报送质量事故调查报告和经设计单位等相关单位认可的处理方案,项目监理机构应对质量事故的处理过程和处理结果进行跟踪检查和验收。

总监理工程师应及时向建设单位及本监理单位提交有关质量事故的书面报告,并应将完整的质量事故处理记录整理归档。

117. 什么是竣工验收?

答:工程竣工验收是在建设单位的主持下,由施工单位向业主进行工程移交的一项重要内容。《建设工程监理规范》规定:项目监理机构应参加由建设单位组织的竣工验收,并提供相关监理资料。对验收中提出的整改问题,项目监理机构应要求承包单位进行整改。工程质量符合要求,由总监理工程师会同参加验收的各方签署竣工验收报告。

在竣工验收时,对某些剩余工程和缺陷工程,在不影响交付的前提下,经建设单位、设计单位、施工单位和监理单位协商,承包单位应在竣工验收后的限定时间内完成。

118. 什么是竣工预验收?

答:竣工预验收是在工程正式验收以前,由监理机构组织设计、施工等单位,依据有关法律、法规、工程建设强制性标准、设计文件及施工合同,对承包单位报送的竣工资料进行审查,并对工程质量预先进行一次全面检查,对存在的问题,及时要求承包单位整改。整改完毕由总监理工程师签署工程竣工报验单,并在此基础上提出工程质量评估报告。工程质量评估报告应经总监理工程师和监理单位技术负责人审核签字。

竣工预验收一般按照以下程序进行:

(1)当单位工程达到竣工验收条件后,承包单位应在自审、自查、自评工作完成后,填写工程竣工报验单,并将全部竣工资料报送项目监理机构,申请竣工验收。

(2)总监理工程师应组织各专业监理工程师对竣工资料及各专业工程的质量情况进行全面检查,对检查出的问题,应督促承包单位及时整改。

(3)对需要进行功能试验的工程项目(包括单机试车和无负荷试车),监理工程师应督促承包单位及时进行试验,并对重要项目进行现场监督、检查,必要时请建设单位和设计单位参加;监理工程师应认真审查试验报告单。

(4)监理工程师应督促承包单位搞好成品保护和现场清理。

(5)经项目监理机构对竣工资料及实物全面检查、验收合格后,由总监理工程师签署工程竣工报验单,并向建设单位提出质量评估报告。

119.监理机构在工程质量保修期承担哪些职责?

答:根据《建设工程质量管理条例》的规定,质量保修期内的监理工作期限,由监理单位与建设单位根据工程实际情况,在委托监理合同中约定,一般以一年为宜。

在承担工程质量保修期的监理工作时,监理单位可不设立项目监理机构,宜在参加施工阶段监理工作的监理人员中保留必要的人员。对建设单位提出的工程质量缺陷进行检查和记录,对承包单位进行修复的工程质量进行验收,合格后由专业监理工程师予以签认。

对于非承包单位原因造成的工程质量缺陷,修复费用的核实及签署支付证明,宜由原施工阶段的总监理工程师或其授权人签认,并报建设单位。

120.国家对建设工程质量保修有哪些具体规定?

答:《建设工程质量管理条例》规定:

(1)建设工程实行质量保修制度。建设工程承包单位在向建设单位提交工程竣工验收报告时,应当向建设单位出具质量保修书。质量保修书中应当明确建设工程的保修范围、保修期限和保修责任等。

在正常使用条件下，建设工程的最低保修期限为：①基础设施工程、房屋建筑的地基基础工程和主体结构工程，为设计文件规定的该工程的合理使用年限；②屋面防水工程、有防水要求的卫生间、房间和外墙面的防渗漏，为5年；③供热与供冷系统，为2个采暖期、供冷期；④电气管线、给排水管道、设备安装和装修工程，为2年。

(2)建设工程在保修范围和保修期限内发生质量问题的，施工单位应当履行保修义务，并对造成的损失承担赔偿责任。

(3)建设工程在超过合理使用年限后需要继续使用的，产权所有人应当委托具有相应资质等级的勘察、设计单位鉴定，并根据鉴定结果采取加固、维修等措施，重新界定使用期。

121. 什么是旁站监理？

答：根据建设部《房屋建筑工程施工旁站监理管理办法(试行)》的通知规定：旁站监理是指监理人员在房屋建筑施工阶段监理中，对于关键部位、关键工序的施工质量实施全过程现场跟班的监督活动。我国的旁站监理法规已于2003年1月1日起施行。

122. 什么是房屋建筑工程中的关键部位和关键工序？

答：关键部位与关键工序包括以下两方面。

(1)基础工程方面：土方回填、混凝土灌注桩浇筑、地下连续墙、土钉墙、后浇带及其他结构混凝土、防水混凝土浇筑、卷材防水层细部构造处理、钢结构安装。

(2)主体工程：梁、柱节点钢筋隐蔽过程、混凝土浇筑、预应力张拉、装配式结构安装、钢结构安装及索膜安装等。

123. 旁站监理人员有哪些具体工作职责？

答：旁站监理人员的具体工作职责有：

(1)检查施工企业现场质检人员到岗、特殊工种人员持证上岗以及施工机械、建筑材料准备情况。

(2)在现场跟班监督关键部位、关键工序的施工,执行施工方案及工程建设强制性标准情况。

(3)核查进场建筑材料、建筑构配件、设备和商品混凝土的质量检验报告等。

(4)做好旁站监理记录和监理日记,保存旁站监理原始资料。

124. 监理工程师如何监控模板工程的施工质量?

答:在混凝土浇捣前,专业监理工程师应组织监理员对模板工程的质量进行查验和验收。

(1)模板及其支架的选用应按施工技术方案执行。模板体系架设牢靠、稳固,标高、几何尺寸符合设计要求;模板缝隙紧密;模板仓及混凝土接合面清洗干净,木模板应充分洒水湿润。

(2)后浇带处模板的架设应按施工技术方案执行。

(3)楼板上下层支架应对准并铺设垫板。

(4)跨度在 4 m 以上的梁板应按设计或有关规定起拱。

(5)超过 3 m 高的墙、柱其侧模应按规定开设浇捣口(边窗)。

(6)模板的拆除时间和方法应按施工技术方案执行。底模拆除前专业监理工程师应核查同条件养护试件的强度报告,使构件达到设计或规范规定的强度方可批准拆除底模。

125. 监理工程师如何监控钢筋工程的施工质量?

答:在混凝土浇筑前,未经监理人员验收或专业监理工程师认为钢筋工程不符合要求,承包商不得进行混凝土浇捣施工。

(1)检查钢筋的品种、规格、数量、位置、间距、保护层和钢筋加工的形状是否符合设计要求。

(2)检查钢筋的连接形式和连接工艺,连接接头的间距和位置是否符合设计、规范要求。

(3)检查钢筋绑扎接头的搭设长度、焊接接头长度和钢筋的锚固长度是否符合设计和规范要求。

(4)检查受力钢筋的弯钩和弯折,箍筋的弯弧内直径、弯折角度、弯后平直部分长度、箍筋加密区长度和箍筋间距是否符合设计和规范要求。

(5)检查受力钢筋及骨架的定位筋、定位措施是否符合设计和技术方案要求。

(6)监理人员应在施工现场见证抽查钢筋焊接接头和机械连接接头试件,其接头力学性能试验应符合相关规程要求。

(7)专业监理工程师签认钢筋分项工程检验批质量验收结论。

126.监理工程师如何监控自拌混凝土工程的施工质量?

答:自拌混凝土工程施工质量监控主要有以下内容:

(1)检查混凝土中掺用的外加剂是否符合国家有关规定。专业监理工程师应控制外加剂用量、砂石含泥量、骨料颗粒粒径及级配符合有关规范要求。

(2)检查混凝土配合比和水泥试件强度试验报告,控制砂石含水量。

(3)对混凝土施工现场的混凝土拌和、试块制作、浇捣进行监督。对关键部位由监理员实施旁站监督。

(4)按有关规范及技术方案留置混凝土施工缝,确保混凝土的充分养护。

(5)后浇带应按设计要求预留,并按规定时间浇筑混凝土。

(6)专业监理工程师签认分项工程检验批质量验收结论。

127.监理工程师如何监控商品混凝土的施工质量?

答:商品混凝土施工质量的监控有以下几点:

(1)对生产厂家的考察。复查企业生产资质、营业执照、计量认证及试验室定级证明文件是否有效;混凝土生产及运输设备(拌和系统、泵车、运输车等)数量及生产状况;试验室对砂石材料、水泥、混凝土和混凝土的抗冻、抗渗及外加剂等试验检测设备是否齐全;混凝土试件的标准养护是否规范。

(2)对原材料的监控。专业监理工程师核查混凝土浇捣所使用的水泥质保证明和复试报告;核查搅拌站砂石、粉煤灰的质量。

(3)检查配合比和水泥、混凝土试件强度报告。配合比中外加剂用量及规格品种是否适当,混凝土坍落度是否符合施工及设计要求。

(4)检查现场泵送混凝土管线布置的合理性,架设管道支架的稳定性。

(5)混凝土浇捣、试件制作和养护是否按施工技术方案执行。

(6)专业监理工程师审核并签认混凝土分项工程检验批质量验收结论。

128.如何做好建筑工程冬期施工的监控工作?

答:当室外日平均气温连续5天稳定低于5℃时,即应采取冬期施工措施,以防止建筑工程遭受冻害。冬期施工监理工作要点:

(1)进入冬期施工的工程,应立即下达工程师通知单,或召开工地例会(下达例会纪要),要求施工单位组织专人编制冬期施工方案或冬期施工要点,报项目监理部审批。冬期施工方案或冬期施工要点编制的原则是:确保工程质量;经济合理,使增加的费用最少;所需的热源和材料有可靠的来源,并尽量减少能源消耗;确实能缩短工期。冬期施工方案(要点)应包括以下内容:施工程序,施工方法,现场布置,设备、材料、能源、工具的供应计划;安全防火、防滑措施、测温制度和质量检查制度等。

(2)冬期施工的监控重点应放在以下方面:混凝土工程、砌体工程、屋面防水、室内外装饰装修、土方回填以及冬季安全施工等。

(3)认真复核施工图纸,核查施工图纸是否能适应冬期施工要求,工程结构能否在冷状态下安全过冬等问题。如有问题,应及时商请设计单位通过图纸会审解决。

(4)根据实物工程量,提前要求施工方组织冬期施工机具、供热设备、外加剂和保温材料进场。

(5)认真核查施工单位掺用外加剂人员、测温保温人员、锅炉司炉工和火炉管理人员的上岗证件。严格监控冬期施工混凝土、砂浆及外加剂的试配试验工作,未经试配试验的外加剂严禁使用。

(6)密切关注地方气象台站的有关天气信息,防止寒流突然袭击。

认真检查施工单位对早期混凝土和砌体的保温防冻以及大体积混凝土温控防裂等工作。

(7)督促施工单位,认真做好冬期施工的安全防火防滑工作。

129. 冬期施工中混凝土掺用外加剂有哪些强制性规定?

答:冬期施工有关混凝土掺用外加剂的强制性规定条文有以下几条:

(1)混凝土中掺用外加剂的质量及应用技术应符合现行国家标准《混凝土外加剂》(GB8076)、《混凝土外加剂应用技术规范》(GB50119)和有关环境保护的规定。预应力混凝土结构中,严禁使用含氯化物的外加剂。钢筋混凝土结构中,当使用含氯化物的外加剂时,混凝土中氯化物的总含量应符合现行国家标准《混凝土质量控制标准》(GB50164)的规定。

(2)抗冻融性要求高的混凝土,必须掺用引气剂或引气减水剂,其掺量应根据混凝土的含气量要求,通过试验确定。

(3)凡在砂浆中掺入有机塑化剂、早强剂、缓凝剂、防冻剂等,应经检验和试配符合要求后,方可使用。有机塑化剂应有砌体强度的型式检验报告。

130. 监理工程师如何监控夏季混凝土施工质量?

答:夏季施工气温偏高,气候干燥,混凝土初凝时间提前,流动性低,施工操作困难,特别是散热不当,易引起混凝土结构裂缝。为此,监理工程师应严格依照有关规范、技术标准,从严监控夏季混凝土施工质量,督促施工单位加强以下防暑降温工作。

(1)首先是要求施工单位编制切实可行的夏季混凝土施工技术方案,采取有效温控措施做好夏季混凝土防暑降温工作,专业监理工程师要对施工技术方案认真审查,符合要求予以签认。

(2)要督促施工单位因地制宜,采取以下措施确保混凝土夏季施工质量:①减少混凝土发热量(在水泥中掺入粉煤灰、掺合料及烧黏土等中性材料);②降低混凝土入仓温度(减少运输过程、改善骨料堆放条件、用地下水拌和、预冷骨料及加快混凝土运输速度等)；③加强混凝土养护工作(覆盖防晒、安排专人昼夜不停地洒水保湿)；④掺用缓凝剂、加气剂，改善混凝土流动性和延长凝固时间，以利施工。

131. 深基础混凝土灌注桩有哪些监控要点？

答：深基础混凝土灌注桩监控要点主要有：

(1)混凝土坍落度应在180～220 mm之间。

(2)施工中按规定数量制作混凝土试块，并有监理人员见证。

(3)孔底沉渣厚度应小于50 mm(端承桩)或150 mm(摩擦桩)。

(4)二次清孔完成后应尽快在30 min内开始浇筑混凝土。

(5)采用木球、球胆最好是泥球作为隔水栅。

(6)首灌混凝土量必须保证导管口埋深大于1.5 m。

(7)正常提升导管后，导管埋深控制在2～6 m之间。

(8)提管速度每小时不大于2 m，严防导管超出混凝土面形成断桩。

(9)水下混凝土浇筑必须连续进行，不得中断。

132. 什么是对工程材料实行全方位质量保证？

答：对工程材料实行全方位质量保证是指，凡是与建筑工程材料有关的单位和人员，都应严把工程材料质量关，具体包括以下方面：①承包商的质量保证；②工程现场的质量保证；③试验室的质量保证；④资料的质量保证；⑤抽验的质量保证；⑥厂家的质量保证。

133. 承包商对材料的质量保证必须满足哪些要求？

答：承包商是材料、构配件、设备的直接使用者和责任承担者。为此，监理工程师应要求承包商健全质量保证体系，对采购的材料、构配件、设备的质量承担相应责任并妥善保管和按规范要求进行试验。不合格的材料绝不使用。

134. 工程现场如何体现工程材料的质量保证?

答:工程现场质量保证有以下几方面:

(1)所有现场使用的原材料、半成品、构配件均须事先报请监理工程师审批后,方可使用。

(2)施工现场不许存放与本工程无关的不合格的材料。

(3)所有进入现场的材料与提交监理的资料在规格、型号、品种、编号上必须一致。

(4)同一库房不允许同时存放两种或更多的品种或不同标号、等级强度的水泥。

(5)不同产地、不同规格、不同时间进场的砂、石、砖、钢筋等要分别堆放或竖牌标注。

(6)监理工程师应经常检查现场材料是否合格(巡视)。

135. 试验室如何做到对工程材料的质量保证?

答:试验室对工程材料的保证,主要是指施工企业试验室与承包单位现场试验室的质量保证。两者均应具备相应资质,并经有关主管部门机构批准,其资料方可作为评审依据。现场试验人员应具有考核合格的上岗证,并具备必要的养护条件及工具设施。

136. 施工单位如何做好资料的质量保证?

答:资料的质量保证是指承包商必须向监理工程师报送以下资料:

(1)产品生产许可证或使用许可证。

(2)产品合格证(使用证明书不能代替合格证)、质量证明书或试验报告。

(3)复试材料的复试报告。

以上资料报批经监理工程师签认后方可使用。

137. 如何保证工程材料的抽验质量?

答:保证抽验质量就是要求承包商对工程材料的复试试验与监理

工程师对工程材料的抽验试验均应严格按规范进行。监理工程师除要求生产厂家提供各项资料外,还应要求承包商对进入现场的材料和产品进行复试试验。如水泥、钢材、砂浆、砖、砌块、防水材料、外加剂、填土等。抽检工作要求遵守以下原则:

(1)七同原则。每次抽检对象或样品要同品种、同规格编号、同生产厂家(产地)、同时间生产和同时间入场、同施工部位、同操作人员、同施工要求。

(2)物单相符。现场材料与资料标注的内容一致,否则复试。

(3)有代表性。按规定取样,监理工程师在场。

(4)有可靠性。试验室或试验有差距时应重做。

138. 材料生产厂家如何做到质量保证?

答:项目监理工程师必须对生产厂家的资质、工艺、设计、检测等手段进行考察和检查。防止假冒产品和不合格材料进入现场。

139. 建筑工程检验批及分项、分部工程的签认有哪些基本程序?

答:建筑工程检验批及分项、分部工程的签认应按以下基本程序进行:

(1)承包单位达到检验批或分项工程报验条件首先进行自检。

(2)承包单位自检合格后填写《检验批、分项工程报验审批表》。

(3)监理工程师审批《检验批、分项工程报验审批表》,审批不合格,由承包单位整改纠正后再报;审批合格,由监理工程师签认。

(4)承包单位继续施工达到分部工程验收条件,自检合格。

(5)由承包单位填写《分部工程质量检验申报表》并附分部工程质量评定表报送项目监理机构。

(6)总监理工程师审批《分部工程质量检验申请表》,审批不合格,由承包单位整改纠正后再报;审批合格,总监理工程师签认分部工程。

140. 什么叫质量保证体系？监理工程师如何审查承包商的质量保证体系？

答：质量保证体系是指施工单位的技术标准、施工质量控制措施、工程质量检查制度与管理制度。按照《建筑工程施工验收统一标准》的要求，监理工程师审查承包商的质量保证体系应包括以下具体内容：①现场质量管理制度；②质量责任制；③主要专业工种操作上岗证书；④分包方资质与对分包单位的管理制度；⑤施工图审查情况；⑥地质勘察资料；⑦施工组织设计、施工方案及审批；⑧施工技术标准；⑨工程质量检验制度；⑩搅拌站及计量设置；⑪现场材料、设备存放与管理。

141. 在什么情况下，总监理工程师可签发工程暂停令？

答：在发生下列情况之一时，总监理工程师可签发工程暂停令：

(1) 建设单位要求暂停施工，且工程需要暂停施工。

(2) 为了保证工程质量而需要进行停工处理。

(3) 施工出现了安全隐患，总监理工程师认为有必要停工以消除隐患。

(4) 发生了必须暂时停止施工的紧急事件。

(5) 承包单位未经许可擅自施工，或拒绝项目监理机构管理。

142. 项目监理机构如何处理工程变更？

答：项目监理机构应按下列程序处理工程变更：

(1) 设计单位对原设计存在的缺陷提出的工程变更，应编制设计变更文件；建设单位或承包单位提出的工程变更，应提交总监理工程师，由总监理工程师组织专业监理工程师审查。审查同意后，应由建设单位转交原设计单位编制设计变更文件。当工程变更涉及安全、环保等内容时，应按规定经有关部门审定。

(2) 项目监理机构应了解实际情况和收集与工程变更有关的资料。

(3) 总监理工程师必须根据实际情况、设计变更文件和其他有关资料，按照施工合同的条款，在指定专业监理工程师完成下列工作后，对工程变更的费用和工期作出评估：①确定工程变更项目与原工程项目之间的类似程度和难易程度；②确定工程变更项目的工程量；③确定工程变更的单价或总价；④总监理工程师应就工程变更费用及工期的评估情况与承包单位和建设单位进行协调；⑤总监理工程师签发工程变更单。变更单应包括工程变更要求、工程变更说明、工程变更费用和工期、必要的附件等内容，有设计变更文件的工程变更应附设计变更文件；⑥项目监理机构应根据工程变更单监督承包单位实施。

143. 项目监理机构处理工程变更应符合哪些要求？

答：项目监理机构处理工程变更应符合下列要求：

（1）项目监理机构在工程变更的质量、费用和工期方面取得建设单位授权后，应按施工合同规定与承包单位进行协商，经协商达成一致后，总监理工程师应将协商结果向建设单位通报，并由建设单位与承包单位在变更文件上签字。

（2）在项目监理机构未能就工程变更的质量、费用和工期方面取得建设单位授权时，总监理工程师应协助建设单位和承包单位进行协商，并达成一致。

（3）在建设单位和承包单位未能就工程变更的费用等方面达成协议时，项目监理机构应提出一个暂定的价格，作为临时支付工程进度款的依据。该项工程款最终结算时，应以建设单位和承包单位达成的协议为依据。在总监理工程师签发工程变更单之前，承包单位不得实施工程变更。未经总监理工程师审查同意而实施的工程变更，项目监理机构不得予以计量。

144. 什么是工程索赔？

工程索赔是指工程承包合同履行中，当事人一方因对方不履行或不完全履行既定的义务或由于对方的行为使权利人受到损失时，由受损失方要求对方补偿损失的权利。索赔的性质属于经济补偿，而不是惩罚。索赔是双向的，一般来讲，承包商向业主索赔称为工程索赔，而业主向承包商索赔称为反索赔。索赔按目的不同,可分为费用索赔和工期索赔。

145. 项目监理机构处理费用索赔应掌握哪些依据?

答:项目监理机构处理费用索赔应掌握以下依据:

(1)国家有关法律、法规和工程项目所在地的地方法规。

(2)本工程的施工合同文件。

(3)国家、部门和地方有关的标准、规范和定额。

(4)施工合同履行过程中与索赔事件有关的凭证。

146. 项目监理机构受理费用索赔事件需满足哪些条件?

答:当承包单位提出费用索赔的理由同时满足以下条件时,项目监理机构应予以受理:

(1)索赔事件造成了承包单位直接经济损失。

(2)索赔事件是由于非承包单位的责任发生的。

(3)承包单位已按照施工合同规定的期限和程度提出费用索赔申请表,并附有索赔凭证材料。

147. 项目监理机构处理费用索赔的程序是什么?

答:承包单位向建设单位提出费用索赔,项目监理机构应按下列程序处理:

(1)承包单位在施工合同规定的期限内向项目监理机构提交对建设单位的费用索赔意向通知书。

(2)总监理工程师指定专业监理工程师收集与索赔有关的资料。

(3)承包单位在承包合同规定的期限内向项目监理机构提交对建设单位的费用索赔申请表。

(4)总监理工程师初步审查费用索赔申请表,符合受理条件时予以受理。

(5)总监理工程师进行费用索赔审查,并在初步确定一个额度后,与承包单位和建设单位进行协商。

(6)总监理工程师应在施工合同规定的期限内签署费用索赔审批

表,或在施工合同规定的期限内发出要求承包单位提交有关索赔报告的进一步详细资料的通知,待收到承包单位提交的详细资料后,按上述(4)、(5)、(6)款的程序进行。当承包单位的费用索赔要求与工程延期要求相关联时,总监理工程师在作出费用索赔的批准决定时,应与工程延期的批准联系起来,综合作出费用索赔和工程延期的决定。

148. 监理工程师处理索赔事件应坚持哪些原则?

答:索赔处理的原则有:

(1)坚持以法律和建设工程施工合同为依据。监理工程师必须熟悉和详细了解协议条款、合同条件、双方权利与义务的变更文件、招标文件、投标文件、中标通知书、工程量清单、设计图纸和文件,以及有关技术标准、规范、技术资料等,公平、公正地处理合同双方的利益纠纷。

(2)及时收集第一手资料。现场监理工程师应及时、准确、连续地记录索赔事件发生过程的详情,为费用索赔的最后定案取得第一手资料。

(3)索赔处理必须及时。如果合理的索赔要求长时间不能得到解决,不仅会使矛盾随时间的推移而逐步复杂、激化,还会影响工程的正常进行和资金周转,并不断为此耗费有关方的精力;还可能引起后续相关工程的正常进行,进而增加索赔处理的难度。

(4)减少或避免不必要的索赔。监理工程师应在可能的情况下,将预料到可能发生影响工程施工的情况或问题通报给承包商,避免可能给工程造成的损失或返工;监理工程师还应及时检查和进行隐蔽工程验收,以便发现问题及时处理,尽量减少由此引起的返工、报废的损失,避免索赔事件的发生;监理工程师还应该尽可能地对可能引起索赔的因素进行预测,以便采取防范措施。

149. 工程建设监理投资控制的实际含义是什么?

答:工程建设监理投资控制是指在整个项目实施阶段开展管理活动,力求使项目在满足质量和进度要求的前提下,实现项目实际投资不超过计划投资。

150. 监理工程师如何处理投资控制与工期、质量的关系?

答:投资控制不是单一的目标控制,投资控制是与质量控制和进度控制同时进行的。因此,在实施投资控制的同时,需要兼顾质量和进度目标,要做好投资、进度、质量三方面的反复协调工作,力求优化实现目标之间的平衡,要协调好与质量、进度的关系,做到三大控制的有机配合。

要做到三大控制的有机配合,必须确定一个合理的工期(进度)目标。经过长期研究,工期与造价(投资)之间的关系一般具有以下规律:一是依据现有技术水平,采取有效措施获得最短工期,但投资费用高;二是由于受多种因素的约束,工期延期较长,投资费用亦高。

因此,合理工期和造价最省必定介于上述二者之间。这就为监理工程师的投资控制提供了客观依据。

总之,投资、进度、质量是一个项目实施中的三个主要控制因素,它们构成了一个特定的统一体系以及三者之间的制约关系;要根据工程的具体特点、业主的要求和可能出现的情况,分析三者的相关性,以经济技术观点,运用价值工程的手段和统筹兼顾的方法,合理确定三者的权重比例,科学地调整三者的制约关系,形成三者之间的最佳组合,以使项目的实施做到均衡、连续、协调,整体经济效益达到最优化状态。

151. 工程建设施工阶段投资控制的基本任务是什么?

答:施工阶段投资控制的基本任务包括以下方面:

(1)审核施工图预算、进度付款及最终核定项目的实际投资。

(2)对工程进度、质量检查,材料检验的监督和控制。

(3)对工程造价的监督和控制。主要包括:①对实际完成的分部、分项工程量进行计量和审核。对承包单位提交的工程进度付款申请进行审核,并签发付款证明以控制合同价款; ②严格控制工程变更,按合同规定的控制程序和计量方法,确定工程变更价款,及时分析工程变更对控制投资的影响; ③在施工进展过程中,进行投资跟踪; ④依据施工合同有关条款、施工图,对工程项目造价目标进行风险分析,并制定相应防范对策;⑤防止或减少索赔事件发生,及时收集、整理有关的施工和监理资料,为处理费用索赔提供证据;⑥定期向监理总负责人、业主提供投资控制表;⑦编制施工阶段详细的费用支出计划,复核一切付款账单;⑧审核竣工决算。

152. 施工阶段的投资控制有哪些主要措施?

答:建设项目施工阶段是整个项目实施中的重要阶段。本阶段的投资周期长,内容多,潜力大,需要采取多方面的控制措施才能确保实际支出值小于或等于计划目标值,为此监理人员在本阶段对投资控制宜从组织、经济、技术和合同四个方面采取相应措施,以达到控制工程投资的目标。

153. 监理工程师如何实施投资控制的组织措施?

答:实施投资控制采取组织措施主要是做好以下两项工作:

(1)在项目监理机构中落实投资控制的管理人员、任务分工和职能分工。

(2)编制本阶段投资控制详细工作流程。工程投资控制的基本程序:①承包单位统计经专业监理工程师质量验收合格的工程量,按施工合同的约定填报工程量清单和工程款支付申请表;②专业监理工程师进行现场计量,按施工合同的约定审核工程量清单和工程款支付申请表,并报总监理工程师审定;③总监理工程师签署工程款支付证书,并报建设单位;④建设单位负责人审批并向承包单位支付工程款。

154. 监理工程师如何实施投资控制的经济措施?

答:实施投资控制的经济措施主要有以下工作内容:

(1)进行已完成的实物工程量的计量或复核和未完工程量的预测。

(2)对工程价款预付、工程进度付款、工程款结算、备料款和预付款的合理回扣等进行审计、签署。

(3)对施工实施全过程进行投资跟踪、动态控制和分析预测,对投资目标计划值按费用构成、工程构成、实施阶段、计划进度分解。

(4)定期向总监理工程师、建设单位提供投资控制报表和必要的支出分析对比。

(5)编制施工阶段详细的费用支出计划,依据投资计划的进度要求编制,并控制其执行和复核付款账单,进行资金筹措和分阶段到位。

(6)及时办理和审核工程结算。

(7)制定行之有效的、节约控制的激励机制和约束机制。

155. 监理工程师如何实施投资控制的技术措施?

答:实施投资控制的技术措施主要有以下工作内容:

(1)对设计变更严格把关,并对设计变更进行技术经济分析和审查认可。

(2)进一步从设计、施工工艺材料、设备、管理等多方面挖掘节约投资的可能,加强对施工组织设计(施工技术方案)的审查工作,并对查出的问题进行整改。

(3)加强设计交底和施工图会审工作,把问题解决在施工之前。

156. 监理工程师如何实施投资控制的合同措施?

答:实施投资控制的合同措施主要有以下工作内容:

(1)参与处理索赔事宜时以合同为依据。

(2)参与合同的修改、补充工作,并分析研究给予投资控制的影响。

(3)监督、控制、处理工程建设中的有关问题时以合同为依据。

157. 项目监理机构如何监控竣工结算?

答:监控竣工结算应严格按以下程序进行:

(1)承包单位按施工合同规定填报竣工结算报表。

(2)专业监理工程师审核承包单位报送的竣工结算报表。

(3)总监理工程师审定竣工结算报表,与建设单位、承包单位协商一致后,签发竣工结算文件和最终的工程款支付证书报建设单位。

(4)建设单位负责人签认工程款支付证书,向承包单位支付。

158. 工程建设监理进度控制的实际含义是什么?

答:工程建设监理进度控制是指在工程项目的实施过程中,监理人员运用各种监理手段和方法,依据合同文件所赋予的权力,监督工程项目承包人采用先进合理的施工方案和组织管理措施,在确保工程质量、安全和投资费用的前提下,按照合同规定的工程建设期限,加上监理人员批准的工程延期时间以及预订目标去完成工程项目的施工。

建设项目施工阶段进度控制的最终目标是保证建设项目按期建成交付使用。工程不能按期竣工,将造成重大的经济损失,项目的预期效益也不能得到及时发挥。因此,对施工阶段的进度控制,监理应加强预见性和及时性,监理人员在正确控制进度、确定合理工期时要全面、系统地综合考虑,处理好进度控制目标与投资控制、质量控制的目标对立统一的关系。

159. 项目监理机构如何进行工程进度控制?

答:项目监理机构应按下列程序进行工程进度控制:

(1)总监理工程师审批承包单位报送的施工总进度计划。

(2)总监理工程师审批承包单位编制的年、季、月度施工进度计划。

(3)专业监理工程师对进度计划实施情况进行检查、分析。

(4)当实际进度符合计划进度时,应要求承包单位编制下一期进度计划;当实际进度滞后于计划进度时,专业监理工程师应书面通知承包单位采取纠偏措施并监督实施。

160. 施工阶段进度监控有哪些工作内容?

答:施工阶段进度监控的工作内容有:

(1)编制施工阶段进度控制工作实施细则。

(2)审核承包单位编制的施工组织设计(施工技术方案)。

(3)审核施工进度计划。

(4)发布工程项目开工令。

(5)了解承包单位施工进度计划实施情况,帮助解决施工计划实施中存在的问题。

(6)对承包单位进度计划实施过程跟踪。

(7)搞好组织协调,解决总承包单位与分包单位、各分包单位之间以及外部条件配合协调问题。

(8)及时签发进度款付款凭证。

(9)向建设单位按时(每月)提供工程进度报告表。

(10)督促承包单位及时整理有关技术资料。

(11)审批竣工申请报告,组织建设单位和设计单位对工程竣工初验。

(12)竣工验收后,督促承包单位办理工程移交手续及工程保修手续。

161. 监理工程师如何编制施工阶段进度控制工作实施细则?

答:进度控制工作实施细则的主要内容是根据监理大纲、监理规划,按每个工程项目编制进度控制工作细则,包括目标分解图、进度控制内容、深度、流程、时间、人员安排及分工等。

162. 监理工程师审核施工进度计划应掌握哪些重点?

答:审核施工进度计划主要掌握以下两个方面:

(1)审核进度安排是否符合建设项目总进度计划中总目标和分解目标的要求,是否符合施工合同中开竣工日期规定。

(2)审核施工总进度计划中的项目是否遗漏,分期是否满足分批投产的需要和配套投产。

163. 监理工程师如何对承包单位的进度计划实施过程跟踪?

答:对进度计划实施过程跟踪,主要应做好以下两个方面的工作:

(1)及时检查承包单位报送的进度报表和分析资料并实地检查，进行核实，杜绝虚报。

(2)对进度资料进行整理并与计划比较，如有偏差，找出原因，提出纠偏措施。

164. 组织竣工验收有哪些工作程序?

答:(1)审批承包单位在竣工后自行预检的基础上提交的初验申请报告。

(2)组织建设单位和设计单位对已完工程进行初验。

(3)初验通过后，承包单位填写竣工验收申请书。

(4)协助建设单位组织工程竣工验收。

165. 监理工程师为什么要检查工程进度计划? 如何检查?

答:施工进度计划由承包单位编制完成后，应提交给监理工程师审查，待监理工程师审查确认后即可付诸实施。但在实施过程中，由于各种因素的影响，常常会打乱原始计划的安排而出现偏差。因此，监理工程师必须定期地、经常地对施工进度计划的执行情况进行检查与监督，并分析进度偏差产生的原因，以便对施工进度的调整提供必要的信息。

在工程项目施工过程中，监理工程师可以通过以下各种方式检查工程进度计划:

(1)定期地、经常地收集承包单位提交的有关进度报表资料。工程施工进度报表资料不仅是监理工程师实施控制的依据，同时也是其核发工程进度款的依据。报表的内容根据施工对象及承包方式的不同而有所区别，但一般包括工作开始时间、完成时间、持续时间、逻辑关系、实物工程量和工作量，以及工作时差的利用情况等。

(2)由驻工地监理人员现场跟踪检查工程项目的实际进展情况。为了避免施工承包单位超报完成工作量，驻工地监理人员有必要进行现场实地检查和监督，至于每隔多长时间检查一次，应视工程项目的类型、规模、监理范围及施工现场的条件等多方面的因素而定。根据进度比较,从中发现是否出现进度偏差以及偏差的大小。

166. 监理工程师对工程进度计划的实施如何进行控制?

答:由于工程进度计划在实施过程中受人、材料、机具、资金和环境等因素的影响,致使工程实际进度和计划进度不相符合,因此监理人员在工程计划实施过程中要定期地对工程进度计划的执行情况进行控制,其控制方法有:

(1)监督。即深入现场了解工程进度计划中各分部(分项)工程的实际进度情况,收集有关数据,特别是定期、经常完整地收集由承包单位提供的有关报表、资料。参加承包单位或建设单位定期召开的工程进展协调会,听取工程施工进度的汇报和讨论。

(2)比较。即对数据进行调整和统计,将计划进度与实际进度进行对比、评估、调整;根据评估结果,提出可行的变更措施,决定对工程目标、工程计划或工程实施活动进行调整。

必须指出的是,工程进度控制是具有周期性的循环控制,每经过一次循环,得到一个调整后的新的施工进度计划,整个施工进度控制过程是一个循序渐进的过程,是一个动态控制的管理过程,监理人员对施工进度实行监控的最根本方法是通过各种机会,定期取得工程实际进展情况,从中发现问题,以便采取必要的措施对计划进行优化。

167. 总监理工程师在施工进度控制中有哪些主要职责?

答:总监理工程师是监理单位派往建设项目监理执行机构的全权负责人,他在施工进度控制中的主要职责如下:

(1)审核承包单位提交的开工报告,并发布开工令。

(2)审查承包单位提交的施工组织设计、施工方案和施工进度计划,并提出改进意见。

(3)检查工程进度,签署付款凭证。

168. 专业监理工程师在施工进度控制中有哪些主要职责？

答：专业监理工程师在施工进度控制中的主要职责有：

(1)核准承包单位呈报的施工计划和分项分部工程进度计划并监督、检查其执行。

(2)做好各承包单位之间的协调工作。

(3)计量已完成的分项工程并查明最终价值。

169. 监理员在施工进度控制中有哪些主要职责？

答：监理员在施工进度控制中的主要职责有：

(1)巡视检查并记录工程进度情况，及时向驻工地监理工程师报告。

(2)检查施工状况，发现和纠正施工中出现的问题。

(3)监督和检查分管的工程进度状况，包括原材料、设备、机械进场状况，施工方法是否适当，分部分项工程量是否按计划完成，工程进度是否符合进度目标等。

(4)发现问题及时向现场监理工程师报告并向承包单位提出改正意见。

170. 监理工程师控制工程进度有哪些主要监理措施？

答：监理工程师控制工程进度有组织措施、技术措施、经济措施与合同措施。

其中，组织措施有：

(1)落实监理内部的监督控制人员，明确任务、职责，建立信息收集、反馈系统。

(2)进行项目和目标的分解(按项目实施阶段、单位或单项工程)。

(3)建立进度协调组织(业主、监理、承包人等组织体系)和进度协调工作制度。

技术措施有：

(1)审批承包人所拟订的各项加快工程进度的措施。

(2)向业主和承包人推荐先进、科学合理、经济的技术方法和手段,以加快工程进度。

经济措施有:

(1)按合同规定的期限对承包人进行项目检验、计量和签发支付证书。

(2)监督业主按时支付。

(3)制定奖罚措施,对提前完成计划者予以奖励,对延误工期者按有关规定进行处理。

合同措施有:

(1)利用合同文件所赋予的权力,督促承包人按期完成工程项目。

(2)利用合同文件规定,采取各种手段和措施,监督承包方加快工程进度。

171. 监理工程师对投资控制应掌握哪些原则?

答:监理工程师对投资控制应掌握以下原则:

(1)应严格执行双方签订的建筑工程施工合同中所确定的合同价、单价和约定的工程款支付办法。

(2)坚持对报验资料不全、与合同文件的约定不符、未经质量签认合格或有违约的不予审核和计量的原则。

(3)工程量的计算应符合概预算定额的计算规则。

(4)处理由于设计变更、合同变更和违约索赔引起的费用增减应坚持合理、公正。

(5)对有争议的工程量和工程款,应采取协商的方法确定,在协调无效时,由总监理工程师做出决定。

172. 什么是投资的事前控制,事前控制有哪些主要内容?

答:投资的事前控制是指工程项目正式开工以前,监理工程师为控制工程投资而采取的相关措施。事前控制主要包括:

(1)熟悉设计图纸、设计要求、标书文件,分析合同构成因素,明确工程费用最易突破的部分和环节,从而明确投资控制的重点。

(2)预测工程风险及可能发生索赔的原因,制定防范对策,减少向业主索赔的事件发生。

(3)按合同规定的条件,如期提交施工现场,保证如期开工、正常施工、连续施工。

(4)按合同要求,按期、按质供应由业主负责的材料、设备进场。

(5)按合同要求,及时提供设计图纸等技术资料。

173. 什么是投资的事中控制,事中控制有哪些主要内容?

答:投资的事中控制是指工程施工过程中,监理工程师根据工程实际情况为控制工程投资而采取的有效措施。事中控制主要包括:

(1)按合同规定,及时答复承包单位提出的有关问题,积极配合承包单位顺利施工。

(2)施工中主动搞好设计、材料、设备、土建、安装及外部协调和内部配合。

(3)工程变更、设计修改要慎重,事前应进行技术经济合理性分析。

(4)严格经费签证。凡涉及费用支出的停工签证、窝工签证、用工签证、使用机械签证、材料代用和材料调价等签证,由项目总监理工程师最后核签后方有效。

(5)按合同规定,及时对已完工程计量并进行验收,未经监理认可的计量无效。

(6)按合同规定,及时向承包单位支付进度款。避免无故拖延签证,造成违约的被动局面。

(7)完善价格信息制度,及时掌握国家调价的范围和幅度。

(8)检查、监督承包单位执行合同情况,督促承包单位全面履约。

(9)定期向总监理工程师、业主报告工程投资动态情况。

(10)定期、不定期地进行工程费用超支分析,并提出控制工程费用突破的方案和措施。

174. 何谓业主不规范介入行为?

答:业主不规范介入行为,是指某些业主(建设单位),由于自身利益的驱使或对建设监理的作用认识不足等原因,强行干预监理工作,直接插手监理服务中的“三控、两管、一协调”的有关事宜,给监理工作带来不应有的困难,业主的这种所作所为,称为业主不规范介入行为。

175. 业主不规范介入主要表现在哪些方面?

答:业主不规范介入主要表现在对材料采购的不规范介入、对项目投资的不规范介入和对施工现场管理控制的不规范介入。

176. 什么是业主对材料采购的不规范介入?

答:少数业主利用手中权力,与材料生产商串通或采用不公平交易手段,对现场部分工程材料、设备等进行强行规定和限制,客观上削弱了监理工程师对材料、构配件、设备质量的审核权。实践证明,由业主提供或指定的材料(设备)往往问题较多。一旦劣质材料或设备在业主的强行干预下被采用,那么,按照国家有关法律、法规的要求,工程出了质量事故,监理工程师将依法承担责任。

177. 什么是业主对项目投资的不规范介入?

答:目前,由于多种原因,真正由监理控制投资的工程项目不足30%。绝大部分的项目资金管理都掌握在业主手中。投资控制是“三控”主体之一,三大目标相互对立又统一,监理工程师一旦失去投资控制权,质量与进度也就难于控制。同时,监理不了解投资信息与掌握进度拨款,质量控制与进度控制也就软弱无力。承包商也会因此轻视监理的监管和意见,削弱监理对工程质量的监督力度。给工程带来意想不到的严重后果。而客观上,按照法律、法规规定,监理要承担工程质量风险。因此,监理必须争取掌握工程投资控制权,特别是坚持掌握审批工程计量支付拨款的签证权,以确保监理工作的权威性。

178. 何谓业主对现场管理控制的不规范介入?

答:少数业主聘请监理出于形势所迫,是从遵守国家法律强制性规定角度出发。虽名义上委托监理,实质上监理单位形同虚设。他们在聘请监理的同时,往往还要组建自己的现场管理班子(不仅仅是派驻现场代表),班子成员各司其职,分别负责现场的质量、进度、投资控制等。对工程管理进行直接干预,形成两套"监理"班子。其结果是:监理单位现场的监管权、审核权实质上被剥夺了,只落得形式上的签字权。同样,从法律上来讲,工程产生的一切严重后果,又必须由监理单位承担。

179. 业主不规范介入给工程带来哪些不良后果?

答:业主不规范介入的弊病:

(1)对工程本身不利。业主过多地插手监理工作,必然在许多方面影响监理作为受委托方主观能动性的发挥,决策行为往往受业主影响,失去监理应有的作用,从而直接影响工程质量,与业主聘用监理的初衷相矛盾。此外,业主直接参与工程监理,势必影响其自身应做的工作,对工程亦不利。

(2)对履行合同不利。工程建设涉及方方面面,技术、管理、经济等方面因素较多,如果由业主直接插手工程监理与管理,很难公正、合理地处理问题,造成合同履约行为中的违约事件增多,频繁发生合同变更事件。

(3)对业主自身不利。某些业主出于对监理的担心,往往选派"自己人"参与工程计量的审核环节,使监理失去对计量和支付款的控制权,在承包商方失去信任和权威,导致承包商对监理工程师的指令和意见不予理睬,难于落实工程进度、质量的控制目标,激化业主与监理之间矛盾,严重影响工程顺利实施。

(4)有悖于合同法的规定。按照委托合同的概念,业主不能直接参与指挥承包商的施工活动,而应由监理工程师完成。同时,业主的任何直接发往承包商的指令,都将被视为无效,属违约行为。因此,承包商有权拒绝执行业主的指令。若承包商执行业主指令,同样也是违反合同行为,监理工程师有权拒绝。

180. 监理工程师如何防范业主不规范介入风险?

答:(1)依据法律、法规进行防范。

首先要明确业主与监理的责任关系。建设部2001年1月17日86号令明确规定:对于国家规定强制实行监理的工程项目,必须委托有相应资质的单位进行监理,并应签订监理合同来明确双方的责任和义务。从合同法的角度分析:建设单位(业主)对工程所承担的质量责任应该是全面的、最终的、对外性质和宏观方面的,如外部环境,工程建设法律、政策条例,保留重大事项的审批权(如:重大工程变更、影响较大的暂停施工、返工、复工、合同变更等);而监理单位受业主委托对工程所承担的质量责任是对内性质的、微观的,即对工程实施全过程的具体控制。因此,业主应依据委托合同,以法律手段明确与监理单位之间的权利义务关系,那种只要找好监理单位,把一切质量责任都推给监理单位的观点是错误的。

建设单位(业主)与监理单位是平等的合同关系,监理单位按照监理合同的要求,公正、独立、自主地开展工作,对业主负责,但不受业主领导。

业主无权不规范介入监理单位的正常工作,更不应加大监理单位的责任范围和风险。

(2)自身防范,主要包括:①加强监理单位风险防范意识,监理单位必须牢固树立合同意识,对监理工作涉及的所有合同都要认真进行研究,了解自身的责任和义务,分析可能存在的风险。因此,既要运用自身专业技能,谨慎、勤勉地为业主提供优质服务,履行自己的职责,同时又要注意在业主委托范围内,正确行使监理合同赋予的权力。对业主的某些不规范介入行为,可事先与其进行沟通,指出危害,提出合理化建议,争取业主的理解和支持,使业主主动撤销不规范介入行为,如果业主一意孤行,应本着对工程负责的态度,坚决抵制,并向有关建设主管部门汇报。②监理人员应加强自身学习,努力提高业务素质,熟悉国家有关工程建设的法律、法规及相关政策,扩大知识面,提高协调能力,胸有成竹地应对各类事件的发生。

第三章 安全监理

181. 什么是安全监理？

答:建筑生产的特点是产品固定、人员流动,且多为露天、高处作业,施工环境和作业条件差,不安全因素随着工程形象进度的变化而不断变化。建筑业属于事故多发行业之一,每年因施工死亡人数仅次于矿山业,在我国各行业中排第二位。因此,《中华人民共和国建筑法》、《中华人民共和国安全生产法》都对建筑安全生产管理作出规定,对强化建筑安全生产管理、保证建筑工程的安全性能、保障员工及其相邻居民的人身和财产安全都具有非常重要的意义。

安全监理是指建设监理机构对建筑生产过程中的安全工作进行的计划、组织、指挥、控制、监督等一系列管理活动。其目的在于保证建筑工程安全和建筑职工的人身安全。

工程监理单位和监理工程师应当按照法律、法规和工程建设强制性标准实施监理,并对建设工程安全生产承担监理责任。

182. 为什么说建筑安全生产管理必须坚持“安全第一、预防为主”的方针？

答:2002 年 6 月 29 日第九届全国人大常委会颁布的《中华人民共和国安全生产法》第三条规定:“安全生产管理,坚持安全第一、预防为主的方针。”所谓安全第一、预防为主的方针,是指将建筑工程安全生产放到第一位,采取措施防止建筑工程事故发生的方针。安全第一是从保护和发展生产力的角度,表明在生产范围内安全与生产的关系,肯定安全在建筑生产活动中的首要位置和重要性。预防为主是指在建筑生产活动中,针对建筑生产的特点,对生产要素采取管理措施,有效地控制不安全因素的发展与扩大,把可能发生的事故消灭在萌芽状态,以保证生产活动中人的安全与健康。安全第一、预防为主的方针,体现了国家对在建筑工程安全生产过程中“以人为本”、保护劳动者权利、保护社会生产力、保护建筑生产的高度重视。

183.《建筑工程安全生产管理条例》关于工程监理的安全责任有哪些具体规定?

答:关于工程监理的安全责任有以下具体规定:

(1)工程监理单位应当审查施工组织设计中的安全技术措施或者专项施工方案是否符合工程建设强制性标准。

(2)工程监理单位在实施监理过程中,发现存在安全事故隐患的,应当要求施工单位整改;情况严重的,应当要求施工单位暂时停止施工,并及时报告建设单位。施工单位拒不整改或者不停止施工的,工程监理单位应当及时向有关主管部门报告。

(3)工程监理单位和监理工程师应当按照法律、法规和工程建设强制性标准实施监理,并对建筑工程安全生产承担监理责任。

(4)总监理工程师应对下列达到一定规模的危险性较大的分部分项工程的专项施工方案进行审查签认,由施工单位专职安全生产管理人员进行现场监督:①基坑支护与降水工程;②土方开挖工程;③模板工程;④起重吊装工程;⑤脚手架工程;⑥拆除、爆破工程;⑦国务院建设行政主管部门或者其他有关部门规定的其他危险性较大的工程。

184.建设部为什么要制定《关于落实建设工程安全生产监理责任的若干意见》?

答:《建设工程安全生产管理条例》(以下简称《条例》)已经把安全纳入了监理的范围,将工程监理单位在建设工程安全生产活动中所要承担的安全责任法制化,那么监理单位就必须贯彻执行,切实履行《条例》规定的职责。由于《条例》只是对监理企业在安全生产中的职责和法律责任作了原则上的规定,《条例》实施后,一方面,工程监理单位和监理人员感到缺少可操作性的具体规定;另一方面,政府有关部门在处理安全生产事故时,对《条例》理解和掌握的尺度不尽相同,致使有些地方把监理单位和人员的安全责任无限扩大,所有的安全生产事故,主管部门都要处罚监理单位和监理人员。为此,建设部组织制定了《关于落实建设工程安全生产监理责任的若干意见》(以下简称《意见》)。

185. 建设部制定《意见》的总体思路是什么?

答:总体思路有三个:一是以《条例》为依据,将安全监理的工作内容具体化,明确相应的工作程序;二是要将监理单位和监理人员承担的安全生产监理责任界定清楚;三是指导监理单位建立相应的管理制度,落实好安全生产监理责任。

186. 根据国家相关法律规定,工程监理单位对安全生产有哪些法律责任?

答:根据《条例》第五十七条规定:工程监理单位有下列行为之一的,责令限期改正;逾期未改正的,责令停业整顿,并处10万元以上30万元以下的罚款;情节严重的,降低资质等级,直至吊销资质证书;造成损失的,依法承担赔偿责任:

(1)未对施工组织设计中的安全考核措施或者专项施工方案进行审查的。

(2)发现安全事故隐患未及时要求施工单位整改或者暂时停止施工的。

(3)施工单位拒不整改或者不停止施工,未及时向有关主管部门报告的。

(4)未依照法律、法规和工程建设强制性标准实施监理的。

监理单位履行了《条例》的职责,若再发生安全生产事故的,要依法追究监理单位以外的其他相关单位和人员的法律责任,而不再追究监理企业的法律责任。

187. 施工准备阶段安全监理有哪些主要工作内容?

答:施工准备阶段安全监理的主要工作内容包括:

(1)监理单位应根据《条例》的规定,按照工程建设强制性标准、

《建设工程监理规范》(GB50319—2000)和相关行业监理规范的要求，编制包括安全监理内容的项目监理规划，明确安全监理的范围、内容、工作程序和制度措施，以及人员配备计划和职责等。

(2)对中型及以上项目危险性较大的分部分项工程，监理单位应当编制监理实施细则。实施细则应当明确安全监理的方法、措施和控制要点，以及对施工单位安全考核措施的检查方案。

(3)审查施工单位编制的施工组织设计中的安全技术措施和危险性较大的分部分项工程安全专项施工方案是否符合工程建设强制性标准要求。审查的主要内容应当包括：①施工单位编制的地下管线保护措施方案是否符合强制性标准要求；②基坑支护与降水、土方开挖与边坡防护、模板、起重吊装、脚手架、拆除、爆破等分部分项工程的专项施工方案是否符合强制性标准要求；③施工现场临时用电施工组织设计或者安全用电技术措施和电气防火措施是否符合强制性标准要求；④冬季、雨季等季节性施工方案的制订是否符合强制性标准要求；⑤施工总平面布置图是否符合安全生产的要求，办公、宿舍、食堂、道路等临时设施设置以及排水、防火措施是否符合强制性标准要求。

(4)检查施工单位在工程项目上的安全生产规章制度和安全监管机构的建立、健全及专职安全生产管理人员配备情况，督促施工单位检查各分包单位的安全生产规章制度的建立情况。

(5)审查施工单位资质和安全生产许可证是否合法有效。

(6)审查项目经理和专职安全生产管理人员是否具备合法资格，是否与投标文件相一致。

(7)审核特种作业人员的特种作业操作资格证书是否合法有效。

(8)审核施工单位应急救援预案和安全防护措施费用使用计划。

188. 施工阶段安全监理有哪些主要工作内容？

答：施工阶段安全监理的主要工作内容：

(1)监督施工单位按照施工组织设计中的安全考核措施和专项施工方案组织施工，及时制止违规施工作业。

(2)定期巡视检查施工过程中的危险性较大的工程作业情况。

(3)核查施工现场施工起重机械、整体提升脚手架、模板等自升式架设设施的安全设施的验收手续。

(4)检查施工现场各种安全标志和安全防护措施是否符合强制性标准要求,并检查安全生产费用的使用情况。

(5)督促施工单位进行安全自查工作,并对施工单位自查情况进行抽查,参加建设单位组织的安全生产专项检查。

189. 建设工程安全监理有哪些工作程序?

答:建设工程安全监理的工作程序有:

(1)监理单位按照《建设工程监理规范》和相关行业监理规范要求,编制含有安全监理内容的监理规划和监理实施细则。

(2)在施工准备阶段,监理单位审查核验施工单位提交的有关技术文件及资料,并由项目总监理工程师在有关技术文件报审表上签署意见;审查未通过的,安全技术措施及专项施工方案不得实施。

(3)在施工阶段,监理单位应对施工现场安全生产情况进行巡视检查,对发现的各类安全事故隐患,应书面通知施工单位,并督促其立即整改;情况严重的,监理单位应及时下达工程暂停令,要求施工单位停工整改,并同时报告建设单位。安全事故隐患消除后,监理单位应检查整改结果,签署复查或复工意见。施工单位拒不整改或不停工整改的,监理单位应及时向工程所在地建设主管部门或工程项目的行业主管部门报告,以电话形式报告的,应当有通话记录,并及时补充书面报告。检查、整改、复查、报告等情况应记载在监理日志、监理月报中。

监理单位应核查施工单位提交的施工起重机械、整体提升脚手架、模板等自升式架设设施和安全设施等验收记录,并由安全监理人员签收备案。

(4)工程竣工后,监理单位应将有关安全生产的技术文件、验收记录、监理规划、监理实施细则、监理月报、监理会议纪要及相关书面通知等按规定立卷归档。

190. 落实安全生产监理责任，监理企业需要做好哪些工作？

答：落实安全生产监理责任，监理企业必须认真做好以下三方面的工作：

（1）健全监理单位安全监理责任制。监理单位法定代表人应对本企业监理工程项目的安全监理全面负责。总监理工程师要对工程项目的安全监理负责，并根据工程项目特点，明确监理人员的安全监理职责。

（2）完善监理单位安全生产管理制度。在健全审查核验制度、检查验收制度和督促整改制度基础上，完善工地例会制度及资料归档制度。定期召开工地例会，针对薄弱环节，提出整改意见，并督促落实；指定专人负责监理内业资料的整理、分类及立卷归档。

（3）建立监理人员安全生产教育培训制度。监理单位的总监理工程师和安全监理人员需经安全生产教育培训后方可上岗，其教育培训情况记入个人继续教育档案。

191. 根据建设部《建设工程安全监督管理工作导则》的要求，监理企业对安全生产应加强哪些监控措施？

答：主要加强以下各项措施：

（1）必须将安全生产管理内容纳入监理规划，在监理规划和中型以上工程的监理细则中要制定对施工单位安全技术措施的检查方法与监控措施。

（2）每项工程都必须认真审核施工单位企业资质和安全生产许可证、三类人员及特种作业人员取得的考核合格证和上岗操作资格证。

（3）认真审核施工单位安全生产保证体系、安全生产责任制、各项规章制度和安全监管机构建立及人员配备情况。

（4）认真审核施工单位应急救援预案和安全防护、文明施工措施费用使用情况和使用计划。

(5)认真核查施工现场安全防护是否符合投标时的承诺和《建筑施工现场环境与卫生标准》等标准要求。

(6)认真复查施工单位施工机械和各种设施的安全许可验收手续。

(7)认真审查施工组织设计中的安全技术措施或专项施工方案是否符合工程建设强制性标准。

(8)定期巡视、检查危险性较大工程的作业现场。关键部位、关键工序坚持旁站制度。严禁缺岗、脱岗。

(9)凡出现隐患工程,立即下达隐患整改通知单,要求施工单位整改或暂停施工,并对整改情况跟踪复查;施工单位拒不整改或者不停止施工时,要及时报告上级主管部门。

(10)监理日记、监理月报、旁站记录及监理例会纪要等监理文件与监理资料,都要如实及时地记录和反映有关安全生产、文明施工的内容。

192. 建设部《关于严格实施建筑施工企业安全生产许可制度的通知》有哪些具体规定?

答:具体规定有以下四条:

(1)各级建设行政主管部门在审核发放建设施工许可证时,要严格依法对已经确定的建筑施工企业是否具有安全生产许可证进行审查。自 2005 年 7 月 14 日起,对没有取得安全生产许可证的,按照《安全生产许可证条例》第二条的要求,不得颁发施工许可证;擅自颁发施工许可证的,发证机关的工作人员要依法承担相应的责任,造成重大安全事故,构成犯罪的,依法追究刑事责任。

(2)对于 2005 年 1 月 13 日 ~2005 年 6 月 24 日,各地在颁发施工许可证过程中存在的不符合《安全生产许可条例》和《建筑施工企业安全生产许可证管理规定》的问题,应立即开展自查自纠工作。在上述期间承建开工项目的施工企业在 2005 年 7 月 14 日后仍未取得安全生产许可证的,应停工整改,依法申领到安全生产许可证后方可进行施工;擅自施工的,要依法追究其相关责任,各级建设行政主管部门要严格加强监管。

(3)要认真做好建设施工企业安全生产许可证的动态管理工作,对违反《安全生产许可条例》和《建筑施工企业安全生产许可证管理规定》的,要依法进行处罚。对发生重大安全事故或降低安全生产条件的,要依法暂扣或吊销其安全生产许可证。

(4)要严格审查颁发安全生产许可证的程序、时限和条件,对于不符合法定安全生产条件的企业,坚决依法清除出建筑市场。同时,应要求已经依法取得安全生产许可证的企业,当其安全生产条件发生变化时,应主动向相关建设行政主管部门报告。

193. 建设部《建筑工程安全生产监督管理工作导则》对监理单位的安全生产监督管理有哪些主要内容?

答:《建筑工程安全生产监督管理工作导则》规定,建设行政主管部门对工程监理单位安全生产监督检查的主要内容是:

(1)将安全生产管理内容纳入监理规划的情况,以及在监理规划和中型以上工程的监理细则中制定对施工单位安全技术措施的检查方面的情况。

(2)审查施工企业资质和安全生产许可证、三类人员及特种作业人员取得考核合格证书和操作资格证书的情况。

(3)审核施工企业安全生产保证体系、安全生产责任制、各项规章制度和安全监管机构建立及人员配备的情况。

(4)审核施工企业应急救援预案和安全防护、文明施工措施费用使用计划的情况。

(5)审核施工现场安全防护是否符合投标时的承诺和《建筑施工现场环境与卫生标准》等标准要求的情况。

(6)复查施工单位施工机械和各种设施的安全许可验收手续的情况。

(7)审查施工组织设计中的安全技术措施或专项施工方案是否符合工程建设强制性标准的情况。

(8)定期巡视检查危险性较大工程的作业情况。

(9)下达隐患整改通知单,要求施工单位整改事故隐患的情况或暂时停工的情况;整改结果复查的情况;向建设单位报告督促施工单位整改的情况;向工程所在地建设行政主管部门报告施工单位拒不整改或不停止施工的情况。

(10)其他有关事项。

194. 何谓施工企业的“三类人员”? 安全监理对“三类人员”有何要求?

答:施工企业的“三类人员”是指施工单位的主要负责人、工程项目负责人和专职安全生产管理人员。《建设工程安全生产管理条例》规定,施工企业的“三类人员”应当经建设厅行政主管部门或者其他有关部门进行安全培训考核合格后方可任职上岗。

195. 什么是建筑安全生产中的“五大伤害”?

答:建筑工程安全生产中的“五大伤害”是指高处坠落、施工坍塌、物体打击、机具伤害、触电事故。根据建设部2005 年度《全国建筑施工安全生产形势分析报告》显示:2005 年“五大伤害”死亡人数占全部死亡人数的88.36%,“五大伤害”成为施工安全的主要“杀手”。

196. 施工现场安全防护重点部位“五口”、“五临边”是指哪些部位?

答:“五口”是指楼梯口、电梯口、预留口、出入通道口、井字架进料出入口。“五临边”是指未安装栏杆的阳台边、无外架防护的屋面周边、框架工程的楼层边、上下斜道两侧边、卸料平台外侧边。以上部位在施工过程中容易发生高处坠落、物体打击等安全事故,是施工现场安全生产的防护重点部位,监理工程师应督促施工单位在“五口”、“五临边”等处,加设安全防护措施和安全警示标志。同时要加大巡视检查力度,防止意外安全事故的发生。

197. 监理工程师在塔吊安全施工中有哪些应尽职责?

答:监理工程师在塔吊安全施工中应充分履行自己的如下职责:

（1）审查施工组织设计时，要结合现场实际情况，审查施工平面布置图上塔吊位置是否合理，在塔吊运行范围内，有无高压电线或者非施工人员通道；如果有，则要求施工单位搭设防护措施，并另报单项施工方案经审批后实施。

（2）审查施工组织设计中有无塔吊使用的安全措施。

（3）塔吊进场后，要检查制造厂家有无生产许可证、出厂合格证，有无产权单位的起重机械设备安全技术档案。

（4）安装单位应当具有建设行政主管部门的塔吊安装专业承包资质证书，从业人员应有作业或管理资格证书。

（5）安装完毕向使用单位移交前，应当委托建筑起重机械检测机构检测合格，并与产权单位和使用单位联合进行安装质量验收，经验收合格后，方可投入使用。

（6）塔吊使用前还要经当地安全监督部门核查批准，使用时把安全监督部门核发的准用证和检测合格证置于或附着于塔吊的显著位置。

（7）要求塔吊操作人员必须有培训合格证。无证人员不允许操作。

（8）塔吊在使用过程中，监理如发现不安全因素，应当按照安全生产管理条例，行使安全监理职责。

198. 什么是“重大危险源”？如何识别？

答：重大危险源是指存在重大施工危险的分部分项工程，主要包括：

（1）施工现场开挖深度超过5 m（含5 m）或地下室三层以上（含三层），或深度虽未超过5 m（含5 m），但地质条件和周围环境及地下管线极其复杂的基坑、沟（槽）工程。

（2）地下暗挖工程。

（3）水平混凝土构件模板支撑系统高度超过8 m，或跨度超过18 m，施工总荷载大于10 kN/m^2，或集中线荷载大于15 kN/m^2 的高大模板工程以及各类工具式模板工程，包括滑模、爬模、大模板等。

(4)30 m及以上高空作业。

(5)城市房屋拆除爆破和其他土石大爆破。

(6)建筑起重机械设备安装拆卸。

(7)超重吊装工程。

(8)悬挑式脚手架、高度超过24 m的落地式钢管脚手架、附着式升降脚手架、吊篮脚手架。

(9)其他专业性强、工艺复杂、危险性大、交叉等易发生重大事故的施工部位及作业活动。

199. 建筑工程施工安全生产有哪些风险因素?

答:建筑工程施工安全生产有两类风险因素:一类是非技术风险因素,一类是技术风险因素。

非技术风险因素有:

(1)施工单位无安全生产许可证;从事消防工程安装企业无消防安全资格认证;从事特种作业人员无特种作业操作上岗证。

(2)施工企业未制定安全生产管理制度、安全文明施工管理制度、安全生产责任制。

(3)施工企业未制定安全技术措施。

技术风险因素有:

(1)土石方施工方案中无基坑支护安全措施。

(2)脚手架搭设方案无设计图及设计计算书。

(3)施工方案中缺乏"五口"、"五临边"的防护措施。

(4)垂直运输机械的安装、使用和拆卸无安全措施。

(5)施工现场的临时用电未按照安全生产规定安装或无相应的安全措施。

(6)未制订模板施工方案,或制订的方案不完整。

(7)施工现场无防火、防爆安全措施。

(8)未制定季节性安全措施。

(9)施工图设计错误。

(10)因施工质量问题产生的其他安全事故。

风险是客观存在的,是人们无法消除的。监理工程师对待风险应采取正确的态度,既不能夸大风险,被风险吓倒,又要正视风险,把握其规律,采取相应的对策,认真做好风险因素的事前控制,尽量避开或减轻风险造成的损失。

200. 在什么情况下,监理工程师可以直接下达暂停施工令?

答:如遇到下列情况,监理工程师要直接下达暂停施工令,并及时向项目总监理工程师和建设单位汇报:①施工中出现安全异常或违规操作,经指出后,施工单位未采取改进措施或改进措施不符合要求时;②对已发生的工程事故未进行有效处理而继续作业时;③安全措施未经自检而擅自使用时;④擅自变更设计图纸进行施工时;⑤使用没有合格证明的机械、设备、材料或擅自替换、变更工程材料时;⑥未经安全资质审查的分包单位的施工人员进入施工现场施工时;⑦出现安全事故时。

201. 施工组织设计安全部分的审查要点有哪些主要内容?

答:审查施工组织设计,要求施工组织设计安全部分应具备如下内容,如果短缺、漏项,应令其补齐:

(1)施工单位安全生产责任制。

(2)施工单位应编制安全生产管理机构,配备专职安全生产管理人员。

(3)施工单位应在现场建立安全消防制度,确定消防安全负责人,制定防火、用电、使用易燃易爆材料等各项消防安全管理制度、操作规程。

(4)下列人员应有操作资格证书:①垂直运输机械作业人员;②安全拆卸工;③爆破作业人员;④起重信号工;⑤登高架设作业人员;⑥电工、电焊工、气焊工等。

(5)《建设工程安全生产管理条例》规定施工单位的主要负责人、

项目负责人、专职安全生产管理人员应当经建设厅行政主管部门或者其他有关部门考核合格后方可任职(上岗证或资格证)。

施工单位应当对管理人员和作业人员每年至少进行一次安全培训、生产教育。其教育培训情况记入个人工作档案。安全生产教育培训考核合格后方可上岗(不合格不得上岗)。施工组织设计应有上述人员培训考试情况说明。

202. 根据安全监理实施细则的要求,安全监理有哪些具体工作?

答:安全监理的具体工作有以下内容:

(1)严格执行《建设工程安全生产管理条例》,贯彻执行“安全第一、预防为主”的方针以及国家现行的安全生产法律、法规,建设行政主管部门颁发的安全生产规章制度和建设工程强制性标准。

(2)督促施工单位落实安全生产的组织保证体系,建立健全安全生产责任制。

(3)督促施工承包单位做好逐级对工人进行的安全生产教育及分部、分项工程的安全技术交底。

(4)审核施工方案、安全技术措施及事故抢险应急方案,使之符合安全施工的要求,并督促其实施。

(5)检查并督促施工单位,按照建筑施工安全技术标准和规范要求,落实分部、分项工程或各工序、关键部位的安全防护措施。

(6)监督检查施工现场的消防工作、冬季防寒、夏季防暑、文明施工、卫生防疫等各项工作。

(7)进行质量安全综合检查。发现违章冒险作业的要责令其停止作业,发现安全隐患的应要求施工单位整改,情况严重的,应责令停工整改并及时报告建设单位。

(8)施工单位拒不整改或者不停止施工的,监理人员应及时向建设行政主管部门报告。

203.监理工程师如何审查施工承包单位有关安全生产的文件?

答:审查施工承包单位有关安全生产的文件应包括以下内容:①营业执照;②施工许可证;③安全资质证书;④建筑施工安全生产年检报告;⑤安全生产管理机构的设置及安全专业人员的配备等;⑥安全生产责任制及管理体系;⑦安全生产规章制度;⑧三类人员、特种作业人员的上岗证及管理情况;⑨各工种的安全生产操作规程;⑩主要施工机构、设备的技术性能及安全条件。

204.监理工程师如何审核施工组织设计中的安全技术措施或专项施工方案?

答:审核施工组织设计中的安全技术措施或专项施工方案,主要是把握好以下两个方面:

(1)审核施工组织设计中安全技术措施的编写是否规范,审批程序和审批手续是否完善。

(2)审核施工组织设计中安全技术措施或专项施工方案是否符合工程建设强制性标准。

205.审核施工组织设计中安全技术措施或专项施工方案的编写审批工作有哪些具体要求?

答:具体要求如下:

(1)安全技术措施应由施工企业工程技术人员编写。

(2)安全技术措施应由施工企业技术、质量、安全、工会、设备等有关部门进行联合会审。

(3)安全技术措施应由具有法人资格的施工企业技术负责人批准。

(4)安全技术措施由施工企业报建设单位审批认可。

(5)安全技术措施变更或修改时,应按原程序由原编制审批人员批准。

206. 根据工程建设强制性标准，审核安全技术措施或专项施工方案有哪些具体要求？

答：审核施工组织设计中安全技术措施或专项施工方案是否符合工程建设强制性标准，应按分项分部工程分别进行审核。

(1)对土方工程的审核包括：①地上障碍物的防护措施是否齐全、完整；②地下隐蔽物的保护措施是否齐全、完整；③相临建筑物的保护措施是否齐全、完整；④场区的排水防洪措施是否齐全、完整；⑤土方开挖时的施工组织及施工机构的安全生产措施是否齐全、完整；⑥基坑边坡的稳定支护措施和计算书是否齐全、完整；⑦基坑四周的安全防护措施是否齐全、完整。

(2)对脚手架的审核包括：①脚手架设计方案是否齐全、完整、可行；②脚手架设计验算书是否正确、齐全、完整；③脚手架施工方案及验收方案是否齐全、完整；④脚手架使用安全措施是否齐全、完整；⑤脚手架拆除方案是否齐全、完整。

(3)对模板施工的审核包括：①模板结构设计计算书的荷载取值是否符合工程实际，计算方法是否正确；②模板设计应包括支撑系统自身及支撑模板的楼、地面承受能力的强度等；③模板设计图包括结构构件大样及支撑系统体系、连接件等的设计是否安全合理，图纸是否齐全；④模板施工中安全措施是否齐全。

(4)对高空作业的审核包括：①临边作业的防护措施是否齐全、完整；②洞口作业的防护措施是否齐全、完整；③悬空作业的安全防护措施是否齐全、完整。

(5)对交叉作业的审核包括：①交叉作业时的安全防护措施是否齐全、完整；②安全防护棚(通道)的设置是否合理，并满足安全要求；③安全防护棚(通道)的搭设方案是否完整、齐全。

(6)对塔式起重机的审核包括：①地基与基础工程施工是否能满足使用安全和设计需要；②起重机拆装的安全措施是否齐全、完整；③起重机使用过程中的检查维修方案是否齐全、完整；④起重机驾驶员的安全教育计划和班前检查制度是否齐全；⑤起重机的安全使用制度是否健全。

(7)对临时用电的审核包括:①电源的进线、总配电箱的装设位置和线路走向是否合理;②施工用电负荷计算是否准确,满足安全生产的需要;③选择的导线截面和电气设备的类型规格是否匹配;④电气平面图、接线系统图是否正确、完整;⑤施工用电是否采用 TN - S 接零保护系统;⑥是否实行"一机一闸一漏"制,是否满足分级分段漏电保护;⑦照明用电措施是否满足安全要求。

(8)对安全文明施工管理的审核包括:①检查现场挂牌制度、封闭管理制度、现场围挡措施落实情况,是否符合安全文明施工的要求。②现场总平面布置、现场宿舍、生活设施、保健施工措施是否符合安全文明施工的要求;③建筑及生活垃圾、污水、防火、宣传等安全文明施工措施是否符合安全文明施工的要求。

207. 按照安全监理实施细则的标准,施工现场安全监理有哪些主要内容?

答:施工现场安全监理有以下主要内容:

(1)现场安全管理:现场安全首先应建立总包单位专职管理,应在施工组织设计中明确,设立现场安全保卫的专职岗位及人员。监理单位督促检查总包单位安全责任制的落实情况,进行经常性教育、安全技术交底、安全纪律检查、安全标志、安全标语宣传和现场道路畅通等检查工作。

(2)安全用具:督促检查安全帽、安全带、安全网是否齐全。

(3)五口防护:楼梯口、电梯口、预留洞口、出入通道口、井字架进料出入口的防护措施是否及时和可靠。

(4)临边防护:屋面周边、施工卸料台周边、斜道周边等有否防护措施。

(5)脚手架:是否符合施工作业标准、牢固可靠。

(6)龙门架、井架、塔吊等:塔吊的避雷接地,缆风绳、锚固保险可靠。检查塔吊安装就位情况,塔吊就位后,应由法定检测单位提供认可检测报告。

(7)基坑支护、降水:检查基坑土方是否严格按设计工况施工,“开槽支撑、先撑后挖、分层开挖、严禁超挖”的原则是否得以贯彻,检查土方开挖方案及落实情况,检查支护结构、降水施工情况,密切观察监测支护结构和周边环境的影响,如有异常及时处理。

(8)施工用电:现场周围高压线是否有防护措施,有否电线破皮漏电现象,现场照明是否使用安全电压。

(9)机械防护措施是否做到轮有罩、轴有帽,凡机械工必须持证操作。

第四章　监理文件、资料、制度

208. 什么是建设工程文件？什么是监理文件？

答：建设工程文件是指在工程建设过程中形成的各种形式的信息记录，包括工程准备阶段文件、监理文件、施工文件、竣工图和竣工验收文件，也可简称为工程文件。

监理文件是指监理单位在工程设计、施工等监理过程中形成的文件。如监理规划、监理月报和监理会议纪要等。

209. 工程监理文件资料归档范围有哪些组成部分？

答：工程监理文件资料归档范围由以下10部分组成：

(1)监理规划。包括监理规划、监理实施细则、监理旁站方案、监理部总控制计划等。

(2)监理月报。

(3)监理会议纪要。

(4)进度控制。包括工程开工/复工审批表、工程开工/复工暂停令。

(5)质量控制。包括不合格项目通知、质量事故报告及处理意见。

(6)造价控制。包括预付款报审与支付，月付款报审与支付，设计变更、洽商费用报审与签认，工程竣工决算审核意见书。

(7)分包资质。包括分包单位资质材料、供货单位资质材料、试验等单位资质材料。

(8)监理通知。包括有关进度控制的监理通知、有关质量控制的监理通知、有关造价控制的监理通知。

(9)合同与其他事项管理。包括工程延期报告及审批，费用索赔报告及审批，合同争议、违约报告及处理意见，合同变更材料。

(10)监理工作总结。包括专题总结、月报总结、工程竣工报告、质量评价意见报告(评估报告)。

210. 工程监理文件保管期限有何规定?

答:根据《建设工程文件归档整理规范》(GB/T50328—2001)要求,工程监理文件保管期限分为长期保管与短期保管两类:

(1)长期保管。包括:①监理委托合同;②工程项目监理机构(项目监理部)及负责人名单;③监理月报中的有关质量问题;④监理会议纪要中的有关质量问题;⑤工程开工/复工审批表;⑥工程开工/复工暂停令;⑦质量事故报告及处理意见;⑧有关进度控制的监理通知;⑨有关质量控制的监理通知;⑩有关造价控制的监理通知;⑪工程延期报告及审批;⑫费用索赔报告及审批;⑬合同争议、违约报告及处理意见;⑭合同变更材料;⑮工程竣工总结;⑯质量评价意见报告;⑰检验批质量验收记录;⑱分项工程质量验收记录;⑲基础主体工程验收记录;⑳幕墙工程验收记录;㉑分部(子分部)工程质量验收记录。

(2)短期保管。包括:①监理规划;②监理实施细则;③监理部总控制计划等;④专题总结;⑤月报总结。

211. 工程监理文件保管期限中长期保管与短期保管具体年限如何规定?

答:工程文件的保管期限分为永久、长期、短期三种期限。永久是指工程档案需永久保存。长期是指工程档案的保存期限等于该工程的使用寿命。短期是指工程档案保存20年以下。根据《建设工程文件归档整理规范》(GB/T50328—2001)规定,工程监理文件的保存期限为后两种年限。

212. 施工阶段的监理资料有哪些内容?

答:施工阶段的监理资料应包括以下内容:①施工合同文件及委托监理合同;②勘察设计文件;③监理规划;④监理实施细则;⑤分包单位资格报审表;⑥设计交底与图纸会审会议纪要;⑦施工组织设计(方案)报审表;

⑧工程开工/复工报审表及工程暂停令；⑨测量核验资料；⑩工程进度计划；⑪工程材料、构配件、设备的质量证明文件；⑫检查试验资料；⑬工程变更资料；⑭隐蔽工程验收资料；⑮工程计量单和工程款支付证书；⑯监理工程师通知单；⑰监理工作联系单；⑱报验申请表；⑲会议纪要；⑳来往函件；㉑监理日记；㉒监理月报；㉓质量缺陷与事故的处理文件；㉔分部工程、单位工程等验收资料；㉕索赔文件资料；㉖竣工结算审核意见书；㉗工程项目施工阶段质量评估报告等专题报告；㉘监理工作总结。

213. 什么是监理月报？监理月报有何特点？

答：监理月报是项目监理部对一个月内的工程进度情况和“三控、两管、一协调”监理工作的总结，也是业主、上级公司和有关部门了解工程实施现状和检查、评定监理工作的重要依据。

监理月报具有以下特点：

(1)监理月报属于呈报性报告，不需批复，不需转发，既不是请示函，也不是经验总结或专题报告，它是一种以“报告书”的格式出现的监理工作的专业报告。

(2)监理月报重在用数据说话，以文字叙述为准。围绕“三控、两管、一协调”的工作目标，需要汇报的内容全面，技术性强，必要时还需插入图表，是项目监理部向业主和上级公司汇报监理工作的主要方式和渠道。通过监理月报，业主和上级公司能尽快了解工程实施动态、成效及存在问题。以谋求业主和有关部门的理解、支持和配合，促进工程“三控”目标的顺利实施。

(3)监理月报汇报的内容大部分是既成事实，既不允许夸大其词，也不可避重就轻、文过饰非。特别是要做到实事求是，真实地反映工程存在或面临的问题，并制定相应的对策措施，充分发挥监理工作的反馈、促进功能。一份合格的监理月报是体现项目监理部的法制观念、工作态度、业务水平和监理能力的重要依据。

(4)编写监理月报时效性强，必须讲求时限，不能拖延，监理月报报送时间由监理单位和建设单位协商确定。当月的监理月报应在次月7日之前报出。否则，作为一种信息反馈，一旦失去时效，就会耽误工作,给业主和公司带来不良后果。

(5)监理月报必须体现权威性。月报应在总监理工程师主持下由各专业监理工程师完成。确保及时、准确,保证质量。最后由总监理工程师签认后报建设单位和本监理单位。

214. 施工阶段的监理月报包括哪些具体内容?

答:《建设工程监理规范》第7.2.1条对监理月报的编写内容作了明确规定,施工阶段的监理月报应包括以下内容:

(1)本月工程概况。

(2)本月工程形象进度。

(3)工程进度。包括:①本月实施完成情况与计划进度比较;②对进度完成情况及采取措施效果的分析。

(4)工程质量。包括:①本月工程质量情况分析;②本月采取的工程质量措施及效果。

(5)工程计量与工程款支付。包括:①工程量审核情况;②工程款审批情况及月支付情况;③工程款支付情况分析;④本月采取的措施及效果。

(6)合同及其他事项的处理情况。包括:①工程变更;②工程延期;③费用索赔。

(7)本月监理工作小结。包括:①对本月进度、质量、工程款支付等方面情况的综合评价;②本月监理工作情况;③有关本工程的意见和建议;④下月监理工作重点。

215. 编写监理月报应掌握哪些技巧和原则?

答:编写监理月报要技巧、原则并用。应结合工程实施,有啥写啥,避免照抄范本,面面俱到,空洞无物。应重点掌握以下几个方面:

(1)本月工程概况:本月监理工作的背景、条件及过程。如落实上月工地例会决议情况及效果;本月工程计划完成情况;采取了哪些新工艺、新技术和新方法。

(2)本月工程形象进度描述。

(3)对工程的存在问题,本月采取了哪些具体措施,效果如何;还有哪些问题有待解决,可分别分层次讲述合同管理、施工分包、工程变更、质量控制、进度控制、计量支付及施工安全等。

(4)有关工程质量控制的各种结果和资料,用文字与图表配合,真实反映本月工程质量情况。

(5)结尾部分要承前启后,叙述下月工作计划与打算,说明下月的工作重点、要求与建议等。

216. 当前,监理月报普遍存在哪些通病?

答:当前监理月报普遍存在的问题如下:

(1)重视不够,敷衍了事,文字数据过于简单,不能真实反映工程进展全貌。

(2)拖拉、滞后,当月的月报推迟到次月动手编写,不能按时报出。

(3)内容不全面,重点不突出,文字表达不确切,有的项目监理部把施工报表内容原封不动汇进月报。

(4)月报编写、审批签字不全面,缺乏权威性。

(5)文字表述能力差,文图搭配不当,有的项目监理部月报以表格组合为主;有的项目监理部月报文字繁杂,表述不清,缺少必要的图表配合。

为避免上述通病,监理机构在编写月报以前,应及时收集当月素材,主要由专业监理工程师和监理员提供第一手资料,在内容编排上要做到文图配合,突出重点,并由总监理工程师审阅、补充、修改定稿。最后打印成册经总监理工程师签认报建设单位和本监理单位。

217. 整理、编写监理工作总结应包括哪些内容?

答:监理工作总结应包括以下内容:①工程概况;②监理组织机构、监理人员和投入的监理设施;③监理合同履行情况;④监理工作成效;⑤施工过程中出现的问题及其处理情况和建议;⑥工程照片(有必要时)。

施工阶段监理工作结束时,监理单位应向建设单位提交监理工作总结。

218. 什么是工地例会纪要？

答：《建设工程监理规范》(GB20319—2000)第5.3.1条规定："在施工过程中，总监理工程师应定期主持召开工地例会。会议纪要应由项目监理机构负责起草，并经与会各方代表会签。"工地例会纪要就是将与会各方代表的发言、讨论、协商意见如实记录，并经过整理提炼和集中，并以决议的形式形成意见一致、认识统一和各方共同执行的会议文件。

219. 目前，工地例会纪要普遍存在哪些通病？

答：目前，项目监理部工地例会纪要普遍存在以下通病：会议纪要成了会议记录，各方代表的发言如实记录在案，流水账，篇幅长，条理不清，重点不突出，由于与会者的发言角度不尽相同，中心主题不统一，不具权威性。致使会议召开以后，责任划分不明确，影响检查落实，达不到例会提问题、解难题、促进工程顺利开展的目的。

220. 监理工程师如何起草符合规范要求的工地例会纪要？

答：符合要求的工地例会纪要，一般应具备以下内容和布局：

(1)前言：写明例会召开的时间、地点、出席会议者的姓名、单位和职务以及会议主持人姓名。

(2)例会内容：根据《建筑工程监理规范》第5.3.2条的要求，工地例会应包括以下内容：①检查上次例会议定事项的落实情况，分析未完事项原因；②检查分析工程项目进度计划完成情况，提出下一阶段进度目标及落实措施；③检查分析工程项目质量状况，针对存在的质量问题提出改进措施；④检查分析工程安全生产情况，针对施工现场存在的安全隐患及安全管理薄弱环节提出整改措施；⑤检查工程量核定及工程款支付情况；⑥解决需要协调的有关事项；⑦其他有关事宜。

(3)编写要求。包括：①把各家发言表述的意见或建议，通过会议讨论，协商达成共识，经过提炼集中形成需要解决的"会议决议事项"，逐条整理，不得遗漏；②把以上“会议决议事项”分类，提出解决问题的措施，落实单位和负责人，明确落实问题的工作标准、时限要求，同时做到划清责任、各负其责，避免含糊其词、模棱两可；③对于不能在本次例会中形成决议的问题（一般有两种可能，一种是需要向上级领导或有关部门请示，第二种有可能需要一定的时间考察或审定），要注明原因，落实具体办事人员，明确提出解决问题的时段，以便在下次例会上得出一个完整的答复；④纪要内容要求符合国家的有关法律、法规和工程建设强制性条文、合同约定条款、设计文件和技术规范，同时既要做到实事求是、客观公正，又要简明扼要、突出重点；⑤最后，会议决定事项由与会各方代表会签，并且不可代签。

221.《建设工程监理规范》（GB50319—2000）关于监理日记有何规定？

答：监理日记是工程监理的重要文件资料，《建设工程监理规范》已有明确规定：

（1）专业监理工程师应“根据本专业监理工作实施情况做好监理日记”（第3.2.5第7条）。

（2）监理员应“做好监理日记和有关监理记录”（第3.2.6第6条）。

（3）施工阶段的监理资料包括监理日记（第7.1.1第21条）。

222.编写监理日记有何重要意义？

答：监理日记的重要意义有以下几个方面：

（1）监理日记是项目监理活动最真实的记录，在“三控、两管、一协调”的监控活动过程中，一旦业主与承包商之间对质量、进度、费用等问题产生争议、异议时，必然要追溯监理活动记录，以求得依据和证明。因此，这时，总监理工程师、专业监理工程师和监理员的监理日记，因为是监理活动最原始的一线记录，将能提供不可缺少的判证线索或佐证。

（2）监理日记是项目监理人员对施工活动最全面的监控记录。项目总监理工程师的日记记录项目监理及施工组织的重要活动；监理工程师的监理日记记录本专业的监控内容;监理员的监理日记记录对施工一线监控活动的内容。这样的层次与格局形成由上而下、由粗到细的监理活动记录网络系统,综合成一套详尽的反映监理活动的最全面的记录资料档案。

(3)监理日记是反映监理工作水平的窗口。通过监理日记可以衡量项目监理部监理人员技术素质和业务水平。例如,在施工过程中出现问题时,分析是否合理,判断是否准确,处理是否公正得当,效果是否良好,只要日记如实记载,便可从中找到解决问题的线索、依据或答案,使问题得到公正合理的解决。

(4)监理日记特别是一线监理员的日记是对承包商施工活动监控的客观记录。它可以反映出施工企业的技术水平、管理水平以及信誉度。因此,监理日记又可作为对承包商的合理评价及以后项目建设中择优选择承包商的依据。

223. 目前监理日记存在哪些主要通病?

答:目前监理日记存在的主要通病有:

(1)记录内容不全面、不完整,不能反映监理活动的全貌。

有的项目监理部只有监理员的监理日记,总监理工程师、专业监理工程师都不做日记。监理员的日记也多是只记录施工活动,而施工活动有关的材料质量情况、施工机械运行情况以及安全生产、施工环境等方面的情况均未记录。监理日记没有形成覆盖全部监理活动的记录网络。

(2)语言不规范,记录事件过程不系统、不完整,不便于查改、追溯。

有的监理日记错字连篇,潦草马虎,非专业用词多。例如:“上午9点打(浇筑)混凝土”,“下午检查基础梁钢筋没事(合格)”,“今日浇筑顶板混凝土,上午9时开盘至下午4时30分结束”,至于混凝土浇筑过程中材料质量情况如何、施工操作是否规范均无记载,形同流水账,毫无参考价值。

(3)签字不全,缺乏管理审核制度。有的项目监理部对监理日记管理松散,监理日记只有监理员的签名,没有监理工程师或总监理工程师的签认。缺少必要的审查,不具真实性和权威性。

(4)日记记录不及时,欠账、补记。监理日记是记录当天发生的监理活动,要坚持"当日日记,当日完成,当日送审的良好习惯"。不拖拉,不欠账。有的监理日记是"补记"和"追记"的,容易错漏,常常张冠李戴,事实不清,失去真实性。

224.监理日记应包括哪些内容和范围?

答:监理日记内容和范围主要有以下方面:

(1)项目总监理工程师日记的主要内容。包括项目监理部的主要工作、业主方的相关工作、承包商方面的相关工作、各类会议,以及其他与项目监理部有关的其他事宜。

(2)专业监理工程师日记主要内容。包括本专业进度情况、质量情况、安全生产及费用控制情况、与本专业有关的其他事宜。

(3)监理员日记主要内容。包括:①施工条件——气温、风、雨,施工用水、电、气等外部条件;②施工力量——参加施工的专业工种和人员情况;③物资供应——到场材料、设备及验收情况;④施工中出现的质量问题、安全隐患及整改情况(包括措施、过程跟踪及最后结果等);⑤施工进度——作业计划完成情况及原因分析;⑥费用控制——变更、签证的发生及计量记录;⑦其他与施工监理相关事项。

225.编写监理日记应遵循哪些基本规则?

答:监理日记的基本规则有:

(1)监理日记不允许记录与监理工作无关的内容。

(2)语言简明扼要,用词准确,书写端正,使用专业语言和规范文字。

(3)记事条理清楚、明晰,尤其是监理员和专业监理工程师的日记,涉及工种多、内容广,记录要按顺序,条理分明。

(4)每一问题记录要有现象、原因分析、处理措施及整改结果。

(5)事件记录要求完整,有过程,有结论,不留悬念。

(6)对一般问题,专业监理工程师和监理员的记录要对口、统一,互为佐证;对重要问题,总监理工程师、专业监理工程师和监理员的日记记录要形成互证关系,成为三级记录互证链条。

226. 项目监理机构的文件资料管理如何分类?

答:项目监理机构的文件资料管理工作,重点是强调监理资料的收集、整理、归档、分类、格式等要求,资料归档宜细不宜粗(因为资料反映监理工作形象,留下工作业绩,便于追溯),并按以下方面分类:

(1)监理依据类——业主发布的信息、工程审批文件、施工合同、监理合同、工程地质勘察报告、监理人员资质证书、土建设计交底/图纸会审/变更记录、安装设计交底/图纸会审/变更记录。

(2)监理签发类——监理规划/监理细则、监理通知、监理日记、监理月报、监理例会/专题会议纪要、质量事故处理记录/报告、安全事故处理记录/报告、监理评估报告、监理工作总结。

(3)监理审查类——总承包商质量体系/计划、总承包商安全保证体系/计划、施工组织设计/方案、停工/复工报告及指令、索赔文件/签证审核文件、计量/支付/结算审核文件。

(4)工作联系类——监理工作联系单、监理函件、业主/承包商来文。

(5)施工试验类——土建物质(材料)复试报告、安装物质(材料)复试报告、施工试验报告、施工实施报告、混凝土配合比通知单。

(6)施工验收类——土建物质(材料)验收、安装物质(材料)验收、测量放线验收、土建分项/隐蔽验收记录、安装分项/隐蔽验收记录、分项/分部(子分部)/单位工程竣工验收文件。

(7)其他——监理工作会议纪要、监理机构财产台账、工程照片、天气记录等。

227. 工程建设监理有哪些工作制度?

答:实现建设监理工作制度化,是建设领域坚持科学发展观的形势发展需要,同时也是逐步提高建设监理服务质量的必然结果。目前,项目监理机构普遍推行的建设监理工作制度有以下若干种：

(1)施工图纸会审、技术交底制度。工程开工前,监理工程师会同业主、施工及设计单位进行施工图纸会审,以便及早发现并解决图纸中存在的问题。督促、组织设计单位向施工单位进行施工设计图纸的全面技术交底(设计意图、施工要求、质量标准、技术措施),并根据讨论决定的事项由施工承包单位书面纪要,经各方会签后,交设计、施工单位负责实施。

(2)施工组织设计审核制度。工程开工前监理机构对施工单位呈报经其上级主管部门批准的施工组织设计、施工方案、施工进度计划进行审核,审批合格后方可允许开工,并在施工过程中,督促施工单位严格遵照执行。

(3)工程开工申请制度,停工及复工管理制度。工程项目施工准备工作完成时,施工单位提出《开工申请报告》及其附件,经监理工程师现场落实,符合开工条件,审批后方可开工。工程停工需复工时,也要经申请、审批等程序方可复工。

(4)施工机械设备、主要原材料、半成品、设备进场报验见证取样制度;工程材料、半成品及设备质检制度。主要施工机械设备、原材料、半成品、设备进场时必须事先向监理机构报验。监理人员应审阅进场材料和构件、设备的出厂合格证、材质证明、试验报告,检查验证设备、半成品的型号、规格、质量,满足设计要求,并通过见证取样复试合格后才能进场。对于有疑问的主要材料在监理工程师的监督下进行抽样复查,不合格材料、设备及时清出施工现场。

(5)设计变更、技术核定单处理制度。对设计变更或技术核定单须经业主、监理、设计单位审核签字同意后才能生效。

(6)工序交接质量检查验收制度。坚持上道工序不经检查验收不准进行下一工序的制度。每一工序完成后,施工承包单位首先进行自检,在自检合格的基础上向监理报验,经监理检查合格并办理签证后方能进行下一工序。

(7)隐蔽工程检查验收制度。隐蔽工程须由施工承包单位在自检合格的基础上,填写自检记录和隐蔽工程报验单报监理工程师,监理工程师检查合格并在隐蔽验收单上签字后才能进行隐蔽。重点部位或重要项目会同施工、设计单位共同检查签认。

(8)质量、安全事故报告处理制度。工程质量、安全事故发生后，施工承包单位以书面形式逐级上报。对重大的质量事故和工伤事故，监理单位应立即上报业主和上级主管部门。工程质量事故处理方案必须经监理和设计单位认可，并由监理人员监督执行。

(9)施工进度监督及报告制度。监督施工承包单位严格按经批准的施工进度计划组织施工，项目监理部每月以月报的形式向业主报告工程实际进度与计划进度的对比和形象进度情况，并在定期召开的工程例会上进行检查落实督促实施。

(10)工程款支付签审制度。施工承包单位填写工程付款申请书，经专业监理工程师和总监理工程师审核，符合合同约定，并在付款申请和付款凭证上签署相应意见后业主才能支付工程款。

(11)监理报告制度。项目监理部按月编写监理月报，并于年末提出年度工作报告和监理工作总结，呈报业主。年度工作报告或监理月报内容应用具体数字说明施工进度、施工质量、资金使用以及重大安全、质量事故处理情况及有价值的经验等。

(12)工程竣工验收制度。工程竣工验收前，承包单位将编写好的全部竣工文件及绘制的竣工图、竣工验收申请呈报项目监理部，审查确认符合要求后，组织竣工初验。合格后，协助建设单位进行竣工验收。

(13)监理日记制度。监理工程师逐日填写监理日记，特别是有关工程质量、进度、安全、变更、影响施工的因素等事项，应详细作出记录。

(14)工程例会制度。每周定期召开监理协调会，监理、业主、施工单位主要负责人和有关单位参加，检查上周工作落实情况，安排本周工作，解决工程存在问题，协调有关各方的关系，保证工程顺利进展。整理打印会议纪要并分发给有关单位。如遇特殊情况，必要时可以随时召开专题会议。

(15)监理巡视旁站制度。工程关键部位和关键工序施工时要进行旁站监理，以保证对施工工艺质量的控制。如主体混凝土浇筑、材料抽样测试、各种试验等。按监理旁站方案执行，监理人员必须按时到岗,认真负责,做好旁站记录,严禁缺岗、脱岗。

(16)监理工作总结制度。工程竣工验收后,项目监理部应及时写出监理工作总结,提交给业主和监理公司。

(17)监理工作考评制度。监理机构按月(季)对自身监理服务质量进行考核,对工程项目监理部所有监理人员的工作业绩、监理文件资料是否规范等进行考评,对照考证标准实行奖罚兑现。

(18)工程质量事故处理制度。主要包括:①对施工过程中出现的质量缺陷,专业监理工程师应及时下达监理工程师通知,要求承包单位整改,并检查整改结果。②监理人员发现施工存在重大质量隐患,可能造成质量事故或已经造成质量事故时,应通过总监理工程师及时下达工程暂停令,要求承包单位停工整改。整改完毕并经监理人员复查,符合规定要求后,总监理工程师应及时签署工程复工报审表,总监理工程师下达工程暂停和签署工程复工报审表宜事先向建设单位报告。③对需要返工处理或加固补强的质量事故,总监理工程师应责令承包单位报送质量事故调查报告和经设计单位等相关单位认可的处理方案,项目监理机构应对质量事故的处理过程和处理结果进行跟踪检查和验收。④总监理工程师应及时向建设单位及本监理单位提交有关质量事故的书面报告,并应将完整的质量事故处理记录整理归档。

228.设备采购监理的监理资料应包括哪些内容?

答:设备采购监理的监理资料应包括以下内容:①委托监理合同;②设备采购方案计划;③设计图纸和文件;④市场调查、考察报告;⑤设备采购招投标文件;⑥设备采购订货合同;⑦设备采购监理工作总结。

设备采购监理工程结束时,监理单位应向建设单位提交设备采购监理工作总结。

229.设备监造工作的监理资料应包括哪些内容?

答:设备监造工作的监理资料应包括以下内容:①设备制造合同及监理合同;②设备监造规划;③设备制造的生产计划和工艺方案;④设备制造的检验计划和检验要求;⑤分包单位资格报审表;⑥原材料、零配件等的质量证明文件和检验报告；⑦开工/复工报审表、暂停令；⑧检验记录及试验报告；⑨报验申请表；⑩设计变更文件；⑪会议纪要；⑫来往文件；⑬监理日记；⑭监理工程师通知单；⑮监理工作联系单；⑯监理月报；⑰质量事故处理文件；⑱设备制造索赔文件；⑲设备验收文件；⑳设备交接文件；㉑支付证书和设备制造结算审核文件；㉒设备监造工作总结。

设备监造工作结束时，监理单位应向建设单位提交设备监造工作总结。

第五章　他山之石——国家重点建设工程监理典型案例

230. 长江三峡工程实施工程监理有哪些方面值得借鉴？

答:中国长江三峡工程开发总公司为长江三峡工程的项目法人。三峡工程项目建设采用经济的而不是行政的办法组织工程建设,即全面实行“项目法人负责制、招标投标制、工程监理制和合同管理制”。三峡工程建设实行全过程全方位监理的做法、制定工程监理程序和实施细则的做法、在业主单位统一组织和指导下按工程项目设置的由多个监理单位组成的监理组织体系的做法,以及对监理人员实行考核定职上岗的做法等,值得借鉴。

231. 长江三峡工程建设监理的总体指导思想是什么？

答:由项目法人确定的三峡工程监理的总体指导思想是:必须在遵循国家有关法令的前提下,紧密结合国情和三峡工程实际规划组织三峡工程监理;必须在我国工程建设监理,特别是水电工程监理已经取得的经验和成果,已经达到的水平及已有监理力量的基础上高起点、高标准、严要求地开展三峡工程的各项监理工作。

项目法人明确界定三峡工程监理是工程建设实施阶段的全面监理。实施阶段是从合同工程项目招标发包和实施准备起,直至工程施工和工程项目竣工验收的整个过程。全面是指监理工作的主要内容基本涵盖或涉及到了工程质量、进度、造价控制的合同管理、组织协调等各个方面的工作。

232. 长江三峡工程监理与业主的职责是如何划分的?

答:业主与监理的职责划分是:业主单位主要负责工程建设实施的总体规划、决策、组织、协调和总体控制,以保证三峡工程项目能按国家要求的质量、工期、投资目标全面完成;各监理单位的主要职责是:在业主的委托与授权范围内,依照合同对所监理工程项目的建设施工进行“独立、自主、公正”的监理,以保证工程项目按合同目标全面实施。相应于上述职责划分,业主单位与监理单位的基本关系是委托与被委托的合同关系,总体上监理单位要接受业主单位的统一组织和协调。为保证监理工作质量,业主单位有权依照监理委托合同的规定对监理单位的工作进行检查、监督、考核与奖罚。

233. 长江三峡工程建设监理“三控制”工作的总原则是什么?

答:三峡工程监理的“三控制”工作总原则是:以工程质量控制为前提、为基础,对工程质量、进度、造价进行全过程动态控制;以预控(事前控制)为前提、为基础,加强对工程质量、进度、造价的过程控制。在“三控制”工作中决不把监理的质量控制与其他控制工作简单并列,也不把质量控制与其他控制工作相对立和相割裂,而是把“三控制”工作有机地、紧密地统一结合为一个总体目标。

234. 长江三峡工程建设监理在质量控制中主要采取哪些措施?

答:在质量控制工作中采取以下措施:

(1)重视并检查督促施工单位建立和完善自身的质量体系,促使其发挥正常作用,这是保证施工质量的基础。因此,监理单位检查督促施工单位增强质量意识,落实施工质量责任制,严格质量管理,规范施工行为,严格依照合同要求、规范规程和工程设计施工,这是关系到三峡工程建设成败的关键。

(2)重视并做好各项质量控制的预防工作,包括施工组织设计和施工技术方案的审查,各项施工准备工作的监督与检查,设计图与文件的审查,重视施工技术方案的研究,以及对施工风险和质量风险的预测分析等。

(3)在督促施工单位做好质量自检前提下,充分运用监理的质量检查签证控制手段,对用于工程的原材料和工厂设备进行质量检查认证;对工程项目的施工质量按工序、按单元工程进行逐层次(单元工程、分部分项工程、单位工程等)、逐项目的质量检查签证和质量评定。

(4)重视并加强试验检测的监理工作。监理单位配置试验专业人员,对施工单位的试验室、试验人员、试验检测仪器设备进行定期检查;对试验方法、试验结果进行分析,检验其合理性、可靠性和真实性。同时监理单位也具备与其监理资质相适应的试验检测手段与设备,以便顺利进行相对独立的监督和复核试验检测工作。

(5)重视并加强质量控制的现场监理工作,监理人员采取旁站、巡视和平行检验等形式,按施工程序及时跟班到位进行监督检查。此外,现场监理人员具有及时预见、及时发现、及时果断处置施工质量问题和正确使用监理质量否决权的能力。监理单位对各级现场监理人员予以相应的授权,即现场处置权。

235. 长江三峡工程建设监理对进度控制采取了哪些主要措施?

答:三峡工程监理的进度控制目标是合同工期,监理单位的主要职责是采取有效措施协助业主对工程进度实施动态控制,以保证合同工期目标的全面实现。为此,监理单位采取以下控制措施:

(1)重视并加强施工进度计划的监理。监理单位依据合同、工程设计和业主有关三峡工程进度的规划安排,编制本监理工程项目的控制性进度计划,明确进度控制的关键路线、关键项目及其控制性工期。对施工单位提交的"实施性进度计划"进行审核确认,经监理审查批准和业主同意的该项计划必须满足合同工期要求、措施落实、技术可行、质量有保证。监理进度计划管理工作中的计划编制、审批、调整工作,既包括总体的,也包括时段性的(年、季、月)和专项性的。

(2)加强并细化进度计划执行中的监督管理。三峡工程,工程项目多、施工强度大、工期极为紧迫,而各项目间联系紧密,工期调整余地很小,必须保证项目计划进度目标的按期实现。为此,监理单位对进度控制实施细化管理,督促指导施工单位对批准的实施性进度计划目标按工程项目的构成和按年、季、月、周(或旬)统计分析,按月总结分析调整。

(3)重视并加强施工进度的记录、信息收集、统计、分析预测和进度报告工作。各监理单位建立完善的记录制度并认真执行;及时做好进度信息的收集与统计工作,并在此基础上定期展开进度分析与预测,提出相应的措施;按时向业主单位提交内容与形式符合统一要求的日报、周报、月报和其他专项报告,以利于业主单位对全工程总进度的分析与控制工作,同时建立与业主单位相统一的计算机信息网络系统。

(4)正确使用监理的工期确认权,及时对合同工期进行核定确认。三峡工程长达 17 年的工程项目,由于各种复杂的主客观因素的影响,以及合同双方的各种原因,致使阶段性的合同工期目标发生变动,甚至影响到合同总工期目标的情况在所难免。为此,监理单位在合同执行中,对合同工期进行及时的统计分析、核定和确认,并公正地分清造成合同工期变动的责任。

236. 长江三峡工程建设监理为造价控制履行了哪些职责?

答:监理单位造价控制主要职责是依照业主委托做好以下工作:

(1)做好工程计量与支付的审核签证工作,以及合同变更、设计变更等工程变更的审核工作,并提出公正的处理意见。其中,工程量是工程造价控制的基础。对此,监理单位首先做到合同工程总量的控制,组织合同双方依据合同和工程设计对工程的初始地形地貌进行测量,对合同工程量予以核实和共同确认。在合同实施过程中,对工程总量予以严格控制,任何涉及工程总量变动的工程量变更都必须是有设计依据和合同双方共同确认的。在对工程总量控制的前提下,监理单位对工程量展开时段性的计量审核与分析工作,即对工程量进行分阶段控制,避免超前支付。为提高工程计量审核工作的正确性、可靠性,监理单位在加强工程测量现场监理工作的同时,还进行一定数量的外业抽检工作和实施平行检测。

(2)加强合同费用的分析预测工作。监理单位定期展开已完工程量与合同总工程量和工程形象的对比分析、已完工程量与支付工程价款的对比分析、剩余工程量及其工程价款与剩余合同费用的对比分析等合同费用的分析工作,并对合同费用的执行进行预测和提出相应的控制措施。

(3)加强索赔的监理工作。索赔是合同管理中的常见现象,是各方合同意识增强、合同管理成熟的表现。监理单位检查监督业主单位按期履行合同规定的职责与义务,以减少和避免索赔;同时,监理单位还根据合同规定和既定程序,规范、公正、独立地处理索赔,加强监理记录,为索赔处理提供可靠依据。

237. 上海金茂大厦是如何实施工程建设监理的?

答:金茂大厦是上海浦东新区的标志性建筑之一,工程总投资 5 亿美元,建筑总面积 29 万㎡,高 420.5 m,为中国第一、世界第三高楼。本工程建筑高度高、单体面积大、结构新颖、室内装饰装修要求高,智能化管理程度为当今世界上最先进的。

工程经过国际招标,由美国 SOM 设计事务所设计,以上海建工集团总公司为主,联合日本大林组株式会社、法国西宝集团、香港其士国际发展有限公司组成联合承包体(SJMC),担任了金茂大厦的总承包方。土建结构、钢结构制作、玻璃幕墙、强电、弱电、消防报警、暖通、电梯和各种装饰工程等分包商通过国际招标选择,由国内外著名的企业承担了各专业的分包。

上海市工程建设咨询监理公司承担了工程质量控制。由于该公司完善监理性组织结构,根据项目的性质、工作量的大小、工程的复杂程度等因素,组建了按职能分解的监理组织形式,注重监理工作的深度和广度,运用先进技术提高监理手段,使监理服务水平步上新台阶,高质量地完成了委托监理任务。

238. 上海金茂大厦实施了怎样的按职能分解的监理组织形式?

答:按职能分解的监理组织形式是在总监理工程师下面设若干职能机构,分别从职能角度对基层工程建设监理组织进行业务管理。这些职能机构可以在总监理工程师授权的范围内,就其主管的业务范围向承包单位下达指令。这种形式适用于工程建设项目在地理位置上相对集中的工程,便于集中领导、职责清楚,有利于提高办事效率。

金茂大厦工程监理机构考虑到超高层建筑特点,为了对建设中的工程做好垂直度的经常性检查和控制,设立了测量监理组;由于其基础结构形式是长桩 80 m 和深基坑 36 m 的地下连续墙和钢筋混凝土临时支撑系统,开挖深度 19 m,专业性较强,因而设立了地下结构组;因为其上部结构为内筒(钢筋混凝土结构)外框(钢结构),工作量较大,所以分别设置了土建结构组和钢结构组;该大厦属 5A 型的智能化大厦,所以设立了设备安装组(下设管道、暖通、电气和设备安装 4 个专业小组);由于该大厦装饰要求高,工作量大,因此设立了装饰装修组;连同资料组,共设立了 7 个专业组。现场监理人员根据工程的进展情况逐步到位。从一开始地下结构组的十多人,到施工高峰时达 7 个组四十多人。

本项目施工阶段的监理,是指工程已经完成了施工图设计和施工招标工作、签订建设工程施工合同以后,从承建单位进场准备、审查施工组织设计开始,一直到工程竣工验收、竣工资料存档全过程的质量控制。

239. 金茂大厦工程监理工作程序有哪些具体内容?

答:监理工作程序包括编写监理规划、专业(或分项、分部工程)监理实施细则、制定监理工作方法、建立监理报告制度等。

按照公司规定的监理工作程序,项目监理部进驻现场后,总监理工程师根据工程监理合同、监理大纲、设计文件和国家的有关法律、法规,主持编制监理规划。

随着工程的进展和深入，总监理工程师在监理规划的基础上组织编写了斜土锚、钻孔灌注桩、钢管桩、地下连续墙、基础地板、混凝土与钢筋混凝土结构、钢结构、机电设备安装、幕墙工程、测量和装饰工程等有关分项、分部工程施工的监理实施细则，使有关方面对监理在各分项、分部工程和单位工程中的具体要求和签证手续有更明确的了解。

240. 金茂大厦工程是如何在监理深度和广度上下工夫的？

答：金茂大厦工程项目监理部针对工程高、难度大的特点，十分注重在监理工作的深度和广度上下工夫。

(1)认真做好事前、事中和事后质量控制。在工程正式施工前，项目监理部按要求，督促和审查各项施工准备工作、施工组织设计(或施工方案)，协助承包商完善质量保证体系和有关施工质量管理制度，把好开工关；对进场的原材料、半成品等，检查其产品合格证，并按规定进行复验。在施工过程中，为适应工程进度要求，监理工程师对每层中的钢筋、预埋铁件、模板、轴线标高控制等的施工内容，都要经过认真检查和验收。为在保证工程质量的前提下赶抢进度，监理工程师们急工程所急，牺牲节假日休息，在现场夜以继日地工作；在工程施工的几年时间里，一直坚持24小时全天候的跟踪服务，严把工程质量关。

(2)自始至终跟班检查，跟踪落实整改措施，严格控制工程质量。为了在施工过程中，及时发现问题，并提供给施工操作人员予以纠正，避免在最终隐蔽工程验收时才被发现错误而返工，影响工程的进度。验收过程中，对发现的质量问题都要求施工单位认真整改。监理人员自始至终跟班检查，跟踪落实整改措施。同时，进驻设备制造现场，严控设备制造质量关。例如，钢结构工程开始时，项目监理部就派员驻厂对钢构件的加工质量实施监理，并坚持做到不合格的构件不验收、不进场、不使用，从而消除了工程隐患，得到业主的全力支持。

(3)正确行驶否决权，及时与业主沟通。监理人员在施工现场检查中，若发现承包单位不按图施工，或施工不符合规范、规定、标准或设计文件时，一般先以口头形式向施工现场负责人提出，并要求其纠正，同时在监理日记中做好记录;若承包单位整改不力或不听从劝告,监理工程师可签发监理备忘录或监理通知单,书面通知整改;若承包单位还是整改不力,或问题性质严重时,则由总监理工程师签发停工通知单,同时抄报业主。由于停工涉及到延长工期和停工费用等重大问题,因此总监理工程师认为有必要签发停工通知单时,事先报业主,由业主决策后,再通知有关方面停工。

241. 金茂大厦建设监理是如何运用先进检测手段的?

答:监理工作除了组织落实和人员到位外,还要求运用先进技术来提高监理检测手段。

现代科学技术门类繁多,发展迅速,监理单位的检测手段既无可能,也无必要涵盖全部工程。对此,项目监理部的做法是区别情况,采取自备、合作、委托、审查和督促等方式解决。自备就是监理自行配备工程中常用的仪器设备(如测量、计量、监测等)和办公自动化设备;合作就是对非常用的特种检测设备(如探伤等),采取与具有相应资格的有关单位进行合作的方法;委托就是对一些偶尔进行的特种材料测试,则委托具有相应资格的单位或企业进行;审查和督促就是对一些承发包合同和国家有关规定中要求进行的检验、测试项目,包括混凝土与砂浆的试块和原材料检验项目、玻璃幕墙的三性试验项目、有关材料的物理力学性能检验测试项目等,则派出具有见证取样资格的人员,进行审查、督促,配合承包商搞好检查工作。

242. 黄河小浪底工程监理是如何检查施工准备工作的?

答:检查施工准备工作,主要包括以下内容:

(1)检查下列各项能否满足保证施工质量的要求:附属工程、大型临时设施;防冻与降温措施;主要施工设备与机具;劳动组织技术水平。

(2)检查所用的材料是否满足设计要求,材料应有出厂合格证,检查现场取样检验报告和材料品种、性能。

(3)检查材料储备情况。

(4)检查试验人员和设备能否满足施工质量测试、控制和鉴定的需要。

(5)检查测量人员和设备能否满足施工需要,检查施工测量定位放线用的控制网点是否达到设计精度要求。

243. 黄河小浪底工程质量和验收管理主要包括哪些内容?

答:工程质量检查和验收是合同管理的重要任务之一,黄河小浪底工程质量检查和验收以合同文件、技术规范、设计文件为依据。工程质量检查是从原材料到工艺对施工活动的全过程进行有效的监督和控制,验收工作则分为隐蔽工程验收、阶段或单项工程验收、竣工验收与最终验收。

244. 黄河小浪底工程质量管理有哪些基本程序?

答:黄河小浪底工程质量管理基本程序有:

(1)要求并督促承包商建立健全质量控制系统,推行全面质量管理,为保证质量奠定基础。

(2)驻地监理工程师负责组织审查承包商提交的施工方法、施工质量控制措施、采用的原材料和工艺试验成果等。

施工方法的审查是工程开工前质量控制的主要内容,承包商所采用的施工方法应能满足合同中关于工程进度要求和保证工程质量符合规定的标准。承包商在呈报施工方法的同时,必须按技术规范和图样要求报告原材料性能和质量证明、原材料检验成果、工艺试验(包括爆破试验、各种灌浆试验、各种材料的碾压试验、混凝土配合比试验等)结果,未经驻地监理工程师批准不得开工。对承包商试验室的设备、各种试验程序与结果也进行全面检查。

(3)施工现场工程质量监督检查。现场监理工程师、高级监理员、监理员在施工全过程中进行不间断的监督和检查。对于违反技术规范、影响工程质量的施工活动,监理人员及时给予劝阻或制止。制止无效时,发出现场违规通知或由驻地监理工程师发出停工指令。对违规而发生的质量事故进行调查、分析,记录事故情况,并指令其返工,监督事故处理。对工程质量事故进行现场拍照,所拍照片注明日期、部位及必要的文字说明,由监理处存档备查。

施工过程中,承包商依据合同文件、技术规范和设计文件对每道工序认真进行自检,自检合格后填写工程质量自检单,报送现场监理工程师,方可进行下一道工序施工。如现场监理工程师或监理员认为必要时,可利用承包商的试验室进行现场抽检,检查合格后,现场监理工程师签发工程质量合格单,进行下一道工序施工。反之,则令承包商返工,经处理后再经现场监理工程师检查,合格后签发工序准予复工通知单,才能进行下一道工序施工。如现场监理工程师认为必要时,也可抽查承包商已覆盖的工程质量,承包商不得阻碍,必须提供抽查条件。如抽查不合格,应按工程质量事故处理,返工合格后,方可继续施工。对于违反合同规定,未经现场监理工程师或监理员检查,强行覆盖的,作为严重违规处理,不予认可。

(4)现场试验抽查。现场监理工程师或监理员组织试验室对承包商所采用原材料、砂浆配合比、混凝土配合比等以及混凝土坍落度、混凝土抗压强度、坝体填料的各种力学指标进行复核和现场抽查,抽查数量控制在试验总数的10%左右。

245. 黄河小浪底验收有哪几种形式?

答:工程验收分为中间验收、竣工验收和最终验收3个阶段,中间验收又包括隐蔽工程验收、阶段验收和单项工程验收3种形式。

246. 黄河小浪底工程是如何组织隐蔽工程验收的?

答:隐蔽工程验收是指基础开挖或地下建筑物开挖完毕后尚未覆盖以前进行的验收。验收工作是承包商在自检基础上,填写承包商验收申请表和验收证书,并附有关图样和技术资料。现场监理工程师收到验收申请后即先行组织测量人员进行复测,地质人员进行地质素描和编录,然后由主管该项目的现场监理工程师主持,组织设计、地质、测量、试验和运行管理等人员参加验收。经检查鉴定如无异议即在验收证书上签字,如有遗留问题,必须处理合格后方可覆盖。

247. 黄河小浪底工程是如何组织阶段验收的?

答:阶段验收是指工程进行到一定的关键阶段(如截流、蓄水、发电等)所进行的验收。当承包商按合同文件规定的各阶段项目已确定完成后,在自检的基础上,报送承包商验收申请表和验收证书。驻地监理工程师组织有关人员先行对已完工程进行全面检查,并核对承包商提供的有关验收资料。经检查与修改后,由总监理工程师组织业主代表、驻地和现场监理工程师,设计、地质、测量、试验有关处室和运行管理人员参加,必要时可邀请上级主管部门派人参加,也可聘请有关方面专家参加验收,并对工程质量和工程运行可靠性(工程度汛标准,建筑物的坚固性、稳定性、防渗性)作出明确的结论。对不影响工程投入临时运行的遗留问题,需要修整、改善或返工的部分提出处理意见,并限期处理完毕。通过驻地监理工程师再行验收后,经小浪底水利枢纽建设管理局局长批准,由总监理工程师和局长依次签发阶段验收证书。

248. 黄河小浪底工程是如何组织单项工程验收的?

答:单项工程验收是指在水利枢纽工程中某单项工程(如导流建筑物、泄洪建筑物、电站系统、灌溉系统建筑物等)已完工并具备了投入运用条件时进行的验收。验收的程序、方法、参加人员以及承包商应准备的文件和资料等均同阶段验收。

249. 黄河小浪底工程是如何组织竣工验收的?

答:竣工验收是指合同文件规定的全部工程完工,具备了投产、运用条件,可以正式办理工程移交手续的验收。当承包商按合同文件规定的建设项目已经全部完工,中间验收所提出的遗留工程问题和临时运行期内产生的问题已经处理完毕,可提出竣工验收申请。驻地监理工程师接到承包商的书面竣工验收申请后的21天内,组织有关人员先行对工程进行全面检查,并核对承包商提供的有关验收资料,经检查与修改后由总监理工程师组织业主代表、驻地监理工程师、现场监理工程师,设计、地质、试验、测量及有关处室和运行管理人员参加竣工验收,同时邀请上级主管部门派人参加，并聘请有关方面专家参加验收工作。对工程质量与工程运用可靠性（对水下建筑物与永久设备的安全标准、坚固性、稳定性、防渗性）作出明确的结论。对不影响工程投入运用的遗留问题需要修整、改善或返工的部分提出处理意见，并限期处理完成。对不影响工程竣工验收，可以在工程缺陷责任期内完成的任何剩余工作，在得到承包商继续完成的书面保证后，由驻地监理工程师草拟工程竣工证书报总监理工程师，经局长批准后，由总监理工程师和局长依次签发工程竣工证书。合同进入工程缺陷责任期（即工程维修费用）。

250. 黄河小浪底工程是如何组织最终验收的？

答：最终验收是指遗留工程和工程缺陷处理完成后，合同工程缺陷责任期（即工程维护期）期满前的验收。在工程缺陷责任期间，驻地监理工程师或现场监理工程师组织设计和运行管理等有关人员，对遗留工程和工程缺陷处理逐项进行检查和验收，直至监理工程师对工程满意为止。对新发现的工程问题也由承包商认真处理，每项验收之后给承包商签发验收证书。当承包商把遗留工程和工程缺陷处理完成后，工程缺陷责任期期满，承包商提出最终验收申请。驻地监理工程师组织设计和运行管理等有关人员对工程进行全面的检查，核实承包商提交的工程技术资料和验收证明文件，其结果令驻地监理工程师满意时，报总监理工程师，经局长批准后，由总监理工程师和局长签发工程缺陷责任凭证。最终验收结束。

第六章 建设监理相关法规、合同管理

251. 建设监理为何要立法？

答：建设监理的经济法律关系，实质上是委托协作性的经济法律关系和管理性经济法律关系的统一。所谓委托，就是一种契约关系，即建设单位委托监理单位对其投资建设的工程进行监理，具体讲，就是业主委托监理工程师去监督承包商执行其与业主形成的契约。这是一种复杂的委托关系，在这种关系的建立和延续乃至终止的过程中，由于各个主体之间的经济利益不同，往往可能出现违反契约的事情，这样就需要有一种公正的关系来保证协调、仲裁这种违约行为。这种关系在初期是以人们形成的一种约定的形式出现，随着时间的推移，渐渐成为一种规范习惯，最后演变为法。而政府对工程建设的监督管理则属于国家机器社会管理职能的范畴，作为政府的管理部门，为了维护建设秩序乃至整个社会的秩序，必须对属于社会活动的建设行为进行有效的监督管理。具体说，就是需要对建设单位和承包单位的行为进行管理，同时也需要对承担监理工程师角色的人员进行资质认证和注册管理，制定有关法律。若无法可依，则建设活动中的各种契约委托关系将出现一片混乱，各种关系难以正常维持，建设活动必将受到影响。正是依靠法律的保证，才使建设监理制度日趋完善。

252. 我国建设监理法规体系的主导思想是什么？

答：我国建设监理法规体系的主导思想是：

(1)结合国情，从全局考虑。建设监理法规体系必须服从国家法律体系及建设法律体系要求，适应现行立法体制及工作实际，特别要注意处理好建设监理法规体系的地位和作用。

(2)建立一个完整的系统。建设监理法规只有做到尽量覆盖建设监理全部工作,才能成为体系,它应当全面体现完整、科学、系统,使每一项工作都有法可依。

(3)多层次相互协调。建设监理每个层次的立法都要有特定的立法目的和调整内容,尤其要注意避免重复交叉和矛盾,总的原则是:下一层次的法规要服从上一层次的法规,所有法规都要服从国家法律,不能有所抵触。

(4)注意借鉴国际立法经验,在结合国情的基础上,尽量向国际标准靠拢。

我国建设监理法规体系由3个层次构成,第一层次是建设法规,这是由全国人民代表大会及其常务委员会制定的建设方面的有关法规,其他层次的建设监理法规均据此制定,不得与之相抵触。第二层次是建设监理行政法规,这是由国务院发布的建设监理方面的行政法规。第三层次是部门建设监理规章和地方建设监理法规,目前我国建设监理立法工作主要是在这个层次展开的。随着我国建设监理工作的发展,立法的层次必将逐步提高。

253.《中华人民共和国建筑法》对建筑工程监理有哪些具体规定?

答:具体规定如下:

(1)国家推行建筑工程监理制度。国务院可以规定实行强制监理的建筑工程范围。

(2)实行监理的建筑工程,由建设单位委托具有相应资质条件的工程监理单位监理。建设单位与其委托的工程监理单位应当订立书面委托监理合同。

(3)建筑工程监理应当依照法律、行政法规及有关的技术标准、设计文件和建筑工程承包合同,对承包单位在施工质量、建设工期和建设资金使用等方面,代表建设单位实施监督。

工程监理人员认为工程施工不符合工程设计要求、施工技术标准和合同约定的,有权要求建筑施工企业改正。

工程监理人员发现工程设计不符合建筑工程质量标准或者合同约

定的质量要求的,应当报告建设单位要求设计单位改正。

(4)实施建筑工程监理前,建设单位应当将委托的工程监理单位、监理的内容及监理权限,书面通知被监理的建筑施工企业。

(5)工程监理单位应当在其资质等级许可的监理范围内,承担工程监理业务。

工程监理单位应当根据建设单位的委托,客观、公正地执行监理任务。

工程监理单位与被监理工程的承包单位以及建筑材料、建筑构配件和设备供应单位不得有隶属关系或者其他利害关系。

(6)工程监理单位不按照委托监理合同的约定履行监理义务,对应当监督检查的项目不检查或者不按照规定检查,给建设单位造成损失的,应当承担相应的赔偿责任。

工程监理单位与承包单位串通,为承包单位谋取非法利益,给建设单位造成损失的,应当与承包单位一起承担连带赔偿责任。

254. 我国对建设监理单位和个人有哪些重要罚则?

答:《建设部和国家计委对工程建设监理的规定》第七章(罚则)第三十条规定:监理单位违反规定,有下列行为之一的,由人民政府建设行政主管部门给予警告、通报批评、责令停业整顿,降低资质等级、吊销资质证书的处罚,并可处以罚款:①未经批准而擅自开业;②超出批准的业务范围从事工程建设监理活动;③转让监理业务;④故意损害项目法人、承包商利益;⑤因工作失误造成重大事故。

第三十一条规定:监理工程师违反本规定,有下列行为之一的,由人民政府建设行政主管部门没收非法所得,收缴监理工程师岗位证书,并可处以罚款:①假借监理工程师的名义从事监理工作;②出卖、出借、转让、涂改监理工作师岗位证书;③在影响公正执行监理业务的单位兼职。

255.《建设工程质量管理条例》关于工程监理单位的质量责任和义务有哪些具体规定?

答:《建设工程质量管理条例》第五章“工程监理单位的质量责任和义务”有以下具体规定:

(1)工程监理单位应当依法取得相应等级的资质证书,并在其资质等级许可的范围内承担工程监理业务。禁止工程监理单位超越本单位资质等级许可的范围或者以其他工程监理单位的名义承担工程监理业务。禁止工程监理单位允许其他单位或者个人以本单位的名义承担工程监理业务。

工程监理单位不得转让工程监理业务。

(2)工程监理单位与被监理工程的施工承包单位以及建筑材料、建筑构配件和设备供应单位有隶属关系或者其他利害关系的,不得承担该项建设工程的监理业务。

(3)工程监理单位应当依照法律、法规以及有关技术标准、设计文件和建设工程承包合同,代表建设单位对施工质量实施监理,并对施工质量承担监理责任。

(4)工程监理单位应当选派具备相应资格的总监理工程师和监理工程师进驻施工现场。

未经监理工程师签字,建筑材料、建筑构配件和设备不得在工程上使用或者安装,施工单位不得进行下一道工序的施工。未经总监理工程师签字,建设单位不拨付工程款,不进行竣工验收。

(5)监理工程师应当按照工程监理规范的要求,采取旁站、巡视和平行检验等形式,对建设工程实施监理。

256. 什么是“强制性条文”?

答:“强制性条文”是工程建设现行国家和行业标准中直接涉及人民生命财产安全、人身健康、环境保护和公共利益的条文,同时考虑了提高经济效益和社会效益等方面的要求。“强制性条文”是参与建设活动各方执行工程建设强制性标准和政府对执行情况实施监督的依据。列入“强制性条文”的所有条文都必须严格执行。“强制性条文”自2003年1月1日起施行。

257. 设立监理单位应具备哪些基本条件?

答:设立监理单位的基本条件:

(1)有自己的名称和固定的办公场所。

(2)有自己的组织机构。如领导机构、财务机构、技术机构等,有一定数量的专门从事监理工作的工程经济、技术人员,而且专业基本配套、技术人员数量和职称符合要求。

(3)有符合国家规定的注册资金。

(4)拟订有监理单位的章程。

(5)有主管单位同意设立监理单位的批准文件。

(6)拟从事监理工作人员中,有一定数量的人已取得国家建设行政主管部门颁发的监理工程师资格证书并有一定数量的人取得了监理培训结业合格证书。

258. 设立监理单位应准备上报哪些材料?

答:设立监理单位应准备上报的材料有:

(1)设立监理单位的申请报告。

(2)设立监理单位的可行性研究报告。

(3)有主管单位时,主管单位同意设立监理单位的批准文件。

(4)拟订的监理单位组织机构方案和主要负责人的人选名单。

(5)监理单位章程(草案)。

(6)已有的、拟从事监理工作的人员一览表及有关证件。

(7)已有的、拟用于监理工作的机构、设备一览表。

(8)开户银行出具的资金证明。

(9)办公场所所有权或使用权的房产证明。

259. 我国监理单位资质等级是如何划分的?

答:按照我国现行规定,监理单位的资质分为甲级、乙级和丙级3

个等级。各级监理单位的资质必须满足国家相应规定的条件。

260. 甲级监理单位应具备哪些相应条件?

答:甲级监理单位应具备以下条件:

(1)企业负责人和技术负责人应当具有15年以上从事工程建设工作的经历,企业技术负责人应当取得监理工程师注册证书。

(2)取得监理工程师注册证书的人员不少于25人。

(3)注册资本不少于100万元。

(4)近3年内监理过5个以上二等房屋建设工程项目或者3个以上二等专业工程项目。

261. 乙级监理单位应具备哪些相应条件?

答:乙级监理单位应具备以下条件:

(1)企业负责人和技术负责人应当具有10年以上从事工程建设工作的经历,企业技术负责人应当取得监理工程师注册证书。

(2)取得监理工程师注册证书的人员不少于15人。

(3)注册资本不少于50万元。

(4)近3年内监理过5个以上三等房屋建筑工程项目或者3个以上三等专业工程项目。

262. 丙级监理单位应具备哪些相应条件?

答:丙级监理单位应具备以下条件:

(1)企业负责人和技术负责人应当具有8年以上从事工程建设工作的经历,企业技术负责人应当取得监理工程师注册证书。

(2)取得监理工程师注册证书的人员不少于5人。

(3)注册资本不少于10万元。

(4)承担过两个以上房屋建筑工程项目或者一个以上专业工程项目。

263. 什么是建设工程委托监理合同?

答:建设工程委托监理合同简称监理合同,是指委托人与监理人就委托的工程项目管理内容签订的明确双方权利、义务的协议。监理合同是委托合同的一种，除具有委托合同的共同特点外，还具有以下特点：

(1)监理合同的当事人双方应当是具有民事权利能力和民事行为能力、取得法人资格的企事业单位、其他社会组织，个人在法律允许的范围内也可以成为合同当事人。

(2)监理合同委托的工作内容必须符合工程项目建设程序，遵守有关法律、行政法规。

(3)委托监理合同的标的是服务，是监理工程师凭借自己的知识、经验、技能，受业主的委托，为其所签订其他合同的履行实施监督和管理。

264.《建设工程委托监理合同(示范文本)》主要内容是什么？

答：《建设工程委托监理合同(示范文本)》由“工程建设委托监理合同”(下称“合同”)、“建设工程委托监理合同标准条件”(下称“标准条件”)、“建设工程委托监理合同专用条件”(下称“专用条件”)组成。

(1)“合同”是一个总的协议，是纲领性文件。

主要内容是当事人双方确认的委托监理工程的概况(工程名称、地点、规模及总投资)；合同签订、生效、完成的时间；双方愿意履行约定的各项义务的承诺，以及合同文件的组成。

(2)监理合同除“合同”之外还应包括：①监理投标书或中标通知书；②监理委托合同标准条件；③监理委托合同专用条件；④在实施过程中双方共同签署的补充与修正文件。

“合同”是一份标准的格式文件，以当事人双方在有限时间内填写具体规定内容并签字盖章后，即发生法律效力。

265.什么是工程委托监理合同标准条件？

答：标准条件内容涵盖了合同所有词语定义，适用范围和法规，签约双方的权利、义务和责任，合同生效、变更与终止，监理报酬，争议解决以及其他条款。它是监理合同的通用文本，适用于各类工程建设监理委托，是所有签约工程都应遵守的基本条件。

266. 什么是工程委托监理合同专用条件?

答:由于标准条件适用于所有的工程建设监理委托,因此其中的某些条款规定得比较原则,需要在签订具体工程项目的监理委托合同时,就地域特点、专业特点和委托监理项目的特点,对标准条件中的某些条款进行补充、修正。如对委托监理的工作内容而言,认为标准条件中的条款还不够全面,允许在专用条件中增加双方议定的条款内容。

所谓"补充"是指标准条件中的某些条款明确规定,在该条款确定的原则下,在专用条件的条款中进一步明确具体内容,使两个条件中相同序号的条款共同组成一条内容完备的条款。如标准条件中规定"监理合同适用的法律是国家法律、行政法规,以及专用条件中议定的部门规章或工作所在地的地方法规、地方规章"。这就要求在专用条件的相同序号条款内写入应遵循的部门规章和地方法规的名称,作为双方都必须遵守的条件。

所谓"修改"是指标准条件中规定的程序方面的内容,如果双方认为不合格,可以协议修改。如标准条件中规定"委托人对监理人提交的支付通知书中酬金或部分酬金项目提出异议,应在收到支付通知书24小时内向监理人员发出异议的通知"。如果委托人认为这个时间太短,在与监理人协商达成一致意见后,可在专用条件的相同序号内延长时效。

267. 工程委托监理合同对委托人的权利有哪些规定?

答:委托人有以下权利:

(1)授予监理人权限的权利。监理合同是要求监理人对委托人与第三方签订的各种承包合同的履行实行监理,监理人在委托人授权范围内对其他合同进行监督管理,因此在监理合同内除需明确委托的监理任务外,还应规定监理人的权限。在委托人授权范围内,监理人可对所监理的合同自主地采取各种措施进行监督、管理和协调,如果超越权限,应首先征得委托人同意后方可发布有关指令。

(2)对其他合同承包人的选定权。委托人是建设资金的持有者和建筑产品的所有人,因此对设计合同、施工合同、加工制造合同等的承包单位有选定权和订立合同的签字权。监理人在选定其他合同承包人的过程中仅有建议权而无决定权。

(3)委托监理工程重大事项的决定权。委托人有对工程规模、规划设计、生产工艺设计、设计标准的使用功能等要求的认定权,工程设计变更审批权。

(4)对监理人履行合同的监督控制权。

268. 委托人对监理人履行合同的监督权利有哪些具体内容?

答:委托人对监理人履行合同的监督权利体现在以下三个方面:

(1)对监理合同转让和分包的监督。除了支付款的转让外,监理人不得将所涉及到的利益或规定义务转让给第三方。监理人所选择的监理工作分包单位,必须事先征得委托人的认可。在没有取得委托人的书面同意前,监理人不得开始实行、更改或终止全部或部分服务的任何分包合同。

(2)对监理人员的控制监督。合同专用条款或监理人的投标书内,应明确总监理工程师人选、监理机构派驻人员计划。当监理人调换总监理工程师时,须经委托人同意。

(3)对合同履行的监督权。监理人有义务按期提交月、季、年度的监理报告,委托人也可以随时要求其对重大问题提交专项报告,这些内容应在专用条款中明确规定。委托人按照合同约定检查监理工作的执行情况,如果发现监理人员不按监理合同履行职责或与承包方串通,给委托人或工程造成损失,有权要求监理人更换监理人员,直到终止合同,并承担相应赔偿责任。

269. 工程委托监理合同对监理人的权利有何规定?

答:委托监理合同中赋予监理人的权利有:

(1)完成监理任务后获得酬金的权利。监理人不仅可获得完成合同内规定的正常监理任务酬金,如果合同履行过程中因主、客观条件的变化,完成附加工作的额外工作后,也有权按照专用条件中约定的计算方法,得到额外工作的酬金。正常酬金的支付程序和金额,以及附加与额外工作酬金的计算方法,应在专用条款内写明。

(2)获得奖励的权利。监理人在工作过程中做出显著成绩,如由于监理人提出的合理化建议,使委托人获得实际经济利益,则应按照合同中规定的奖励办法,得到委托人给予的适当物质奖励。奖励办法通常参照国家颁布的合理化建议奖励办法,在专用条件相应的条款内写明。

(3)终止合同的权利。如果由于委托人违约,严重拖欠应付监理人的酬金,或由于非监理人责任而使监理暂停的期限超过半年以上,监理人可按照终止合同规定程序,单方面提出终止合同,以保护自己的合法权益。

(4)监理人执行监理业务可以行使的权利。

270. 监理人在监理委托人和第三方签订承包合同时可行使哪些权利?

答:可行使以下权利:

(1)建设工程有关事项和工程设计的建议权。建设工程有关事项包括工程规模、设计标准、规划设计、生产工艺设计和使用功能要求。在设计标准和使用功能等方面,向委托人和设计单位的建议权。工程设计的建议权是指按照安全和优化方面的要求,就某些技术问题自主向设计单位提出建议。但如果由于提出的建议提高了工程造价,或延长工期,应事先征得委托人的同意,如果发现工程设计不符合建设工程质量标准或约定的要求,应当报告委托人要求设计单位更改,并向委托人提出书面报告。

(2)对实施项目的质量、工期和费用的监督控制权。主要表现为:对承包人报的工程施工组织设计和技术方案,按照保质量、保工期和降低成本的要求,自主进行审批和向承包人提出建议;征得委托人同意,发布开工令、停工令、复工令;对工程上使用的材料和施工质量进行检验;对施工进度进行检查、监督,未经监理工程师签字,建筑材料、建筑构配件和设备不得在工程上使用,施工单位不得进行下一道工序的施工;工程竣工日期提前或延误期限的鉴定;在工程承包合同确定的工程范围内,工程款支付的审核和签认权,以及结算工程款的复核确认与否定权。未经监理人签字确认,委托人不支付工程款,不进行竣工验收。

(3)工程建设有关协作单位组织协调的主持权。

(4)在业务紧急情况下,为了工程和人身安全,尽管变更指令已超越了委托人授权而又不能事先得到批准时,也有权发布变更指令,但应尽快通知委托人。

(5)审核承包人索赔的权利。

271. 工程委托监理合同对委托人的义务有哪些规定?

答:委托人的义务有:

(1)委托人应负责建设工程的所有外部关系的协调工作,为满足开展监理工作提供所需的外部条件。

(2)与监理人做好协调工作。委托人要授权一位熟悉建设工程情况、在规定时间内作出决定的常驻代表,负责与监理人联系。更换常驻代表,要提前通知监理人。

(3)为了不耽搁服务,委托人应在合理的时间内就监理人以书面形式提交并要求作出决定的一切事宜做出书面决定。

(4)为监理人顺利履行合同义务,做好协助工作。协助工作包括以下几方面的内容:①将授予监理人的监理权利,以及监理人监理机构主要成员的职能分工、监理权限及时书面通知已选定的第三方,并在与第三方签订的合同中予以明确。②在双方议定的时间内,免费向监理人提供与工程有关的监理服务所需要的工程资料。③为监理人驻工地监理机构开展正常工作提供协助服务。

272. 工程委托监理合同对监理人的义务有何规定?

答:监理人的义务有:

(1)监理人在履行合同义务期间,应运用合理的技能认真勤奋地工作,公正地维护有关方面的合法权益。当委托人发现监理人员不按监理合同履行监理职责,或与承包人串通给委托人或工程造成损失时,委托人有权要求监理人更换监理人员，直到终止合同并要求监理人承担相应的赔偿责任或连带赔偿责任。

(2)合同履行期间应按合同约定派驻足够的人员从事监理工作。开始执行监理业务前向委托人报送派往该工程项目的总监理工程师及该项目监理机构的人员情况。合同履行过程中如果需要调换总监理工程师，必须首先经过委托人同意，并派出具有相应资质和能力的人员。

(3)在合同期内或合同终止后，未征得有关方同意，不得泄露与本工程、合同业务有关的保密资料。

(4)任何由委托人提供的供监理人使用的设施和物品都属于委托人的财产，监理工作完成或中止时，应将设施和剩余物品归还委托人。

(5)非经委托人书面同意，监理人及其职员不应接受委托监理合同约定以外的与监理工程有关的报酬，以保证监理行为的公正性。

(6)监理人不得参与可能与合同规定的与委托人的利益相冲突的任何活动。

(7)在监理过程中，不得泄露委托人申明的秘密，亦不得泄露设计、承包等单位申明的秘密。

(8)负责合同的协调管理工作。在委托工程范围内，委托人或承包人对对方的任何意见和要求(包括索赔要求)，均必须首先向监理机构提出，由监理机构研究处置意见，再同双方协商确定。当委托人和承包人发生争议时，监理机构应根据自己的职能，以独立的身份判断，公正地进行调解。当双方的争议由政府行政主管部门调解或仲裁机构仲裁时，监理机构应当提供作证的事实材料。

273. 在什么情况下，工程委托监理合同可以暂停或终止？

答：遇到下列情况合同可暂停或终止：

(1)委托人要求暂停或终止合同。委托人如果要求监理人全部或部分暂停执行监理任务或终止监理合同，则应至少在56天前发出通知，此后监理人应立即安排停止服务，并将开支减至最小。

如果委托人认为监理人无正当理由而又未履行监理义务时，可向监理人发出指明其未履行义务的通知。若委托人在21天内未得到满意答复,可以第一个通知发出后35天内进一步发出终止监理合同的通知。

(2)监理人提出暂停或终止合同。合同履行过程中出现监理酬金超过支付日30天委托人仍未支付,而又未对监理人提出任何书面意见,或暂停监理服务期限已超过半年时,监理人可向委托人发出通知,指出上述问题。如果14天后未得到答复,监理人可终止合同,也可自行暂停履行部分或全部服务。

合同协议的终止并不影响或损害各方应有权利、责任或索赔。

参 考 文 献

[1] 中华人民共和国建筑法[S]. 北京:中国建筑工业出版社,1997.

[2] 建设工程监理规范(GB50319—2000)[S]. 北京:中国建筑工业出版社,2001.

[3] 建设工程质量管理条例[S]. 北京:中国建筑工业出版社,2000.

[4] 建设工程安全生产管理条例[S]. 北京:中国建筑工业出版社,2003.

[5] 建筑工程施工质量验收统一标准(GB50300—2001)[S]. 北京:中国建筑工业出版社,2001.

[6] 建设工程文件归档整理规范(GB/T 50328—2001)[S]. 北京:中国建筑工业出版社,2002.

[7] 吴饧桐. 建设工程施工现场监理人员实用手册[M]. 上海:同济大学出版社,2001.

[8] 刘文锋. 建设法规概论[M]. 北京:高等教育出版社,2001.

[9] 程国政. 建筑工程招标与合同管理[M]. 武汉:武汉理工大学出版社,2005.

[10] 李清立. 建设工程监理[M]. 北京:机械工业出版社,2003.

[11] 边焕东. 监理部进驻工地后首先重点解决的几个问题[J]. 建设监理,2003(1).

[12] 张照宇,吴芳. 建设单位不规范介入的监理责任风险及其防范[J]. 建设监理,2003(2).

[13] 王杯栋. 对见证取样和送检工作的几点认识[J]. 建设监理,2003(2).

[14] 冯瑞云. 监理日记规范化势在必行[J]. 建设监理,2003(3).

[15] 孙姝芳. 浅谈监理工程师应如何抓好施工质量的事前控制[J]. 建设监理,2003(6).

[16] 李科. 浅谈房屋工程测量的施工监理[J]. 建设监理,2004(2).

[17] 王汉中. 工程监理工作中的测量监理内容[J]. 建设监理,2004(2).

[18] 王炜杰. 监理实施细则编制浅析[J]. 建设监理,2004(3).

[19] 张延辉. 试论监理不到位与监理越位[J]. 建设监理,2005(1).

[20] 庄占强. 浅谈“见证取样送检”的实施[J]. 建设监理,2005(1).

[21] 杨保留. 监理工程师如何处理承包商索赔[J]. 建设监理,2005(3).

[22] 徐光耀. 浅议塔吊安全的监理职责[J]. 建设监理,2005(4).

[23] 祝连波,等. 论监理企业承担安全生产管理责任的风险管理[J]. 建设监理,2006(6).